Klima – unsere Zukunft?

Patronage:

Nationales Komitee für das Europäische Jahr des Umweltschutzes
Nationale Schweizerische UNESCO Kommission

Herausgeber:

Schweizerische Kommission für Klima- und Atmosphärenforschung (CCA) der Schweizerischen Naturforschenden Gesellschaft (SNG)

Konzept, Text und Redaktion:

Ulrich Schotterer

Wissenschaftliche und redaktionelle Mitarbeit:

Claus Fröhlich
Gian Gensler
Max Schüepp
Matthias Winiger

Konzeptberatung:

Fulvio Caccia
Gerhard Furrer
André Junod
Bruno Messerli
Hans Oeschger
Thomas D. Potter

Mit Beiträgen von:

Georg Budmiger
Hans-Ulrich Dütsch
Fritz Gassmann
Barbara Gerber
Georges Grosjean
Hanspeter Holzhauser
Kerry Kelts
Christian Pfister
Fritz Schweingruber
Heinz Wanner
Urs Wiesmann
Heinz Zumbühl

Visuelle Umsetzung:

Schule für Gestaltung Bern
Direktion: Othmar Scheiwiller
Fachklasse für Grafik, Vorsteher: Bruno Cerf

Grafische Leitung: Peter Andermatt und Claude Kuhn

Titelblatt, Illustrationen und Tabellen:
Eva Baumann
Verena Baumann
Elsi Brönnimann
Silvia Brühlhardt
Walter Burri
Catherine Eigenmann
Edith Helfer
Katja Leudolph
Luke Machata
Sibylle von May
Roberto Renfer
Andreas Stettler
Agnes Weber
Karin Widmer

Kinderzeichnungen:

International School of Berne
Leitung: Jean White

Lithos:

Bufot GmbH, Basel, Kurt Bütschi

Wir danken

folgenden Organisationen, Firmen und Personen für ihre namhafte finanzielle und ideelle Unterstützung:
Peter Andermatt
Bufot GmbH, Basel
Ciba Geigy AG, Basel
Hoffmann La Roche AG, Basel
Claude Kuhn
Kümmerly + Frey AG, Bern
Migros – Genossenschaft – Bund
Schweizerisches Komitee für das europäische Jahr des Umweltschutzes
Schweizerische Naturforschende Gesellschaft
Schweizerische Rentenanstalt
Schweizerische Rückversicherungs-gesellschaft

Printed in Switzerland

ISBN 3-259-08394-4

Editorial

Das Buch ist unter dem Druck der Verantwortung entstanden, eine breite Öffentlichkeit zu informieren. Wird es kälter, wird es wärmer oder bleibt es, wie es ist? Man hört Widersprüchliches, es wird dramatisiert und verharmlost. Unser Wissen um das Klimasystem vertieft sich laufend und bringt immer wieder neue Einsichten. Das Buch ist eine Momentaufnahme und muss deshalb Kompromiss bleiben. Die Bildersprache wurde gewählt, um allen Altersstufen, unabhängig vom Wissensstand, die Möglichkeit zu geben, sich eine eigene Meinung zu bilden. Das Wort wird sparsam eingesetzt, soll nur Grundkenntnisse vermitteln und den Raster aus Zusammenhängen und Fragezeichen sichtbar machen.
Die Idee konnte aber nur deshalb in ein Buch umgesetzt werden, weil der Vertrauensvorschuss und die Unterstützung von SNG und Verlag in den Personen von Anne-Christine Vogel-Clottu und Christof Blum alle auftretenden Schwierigkeiten aus dem Weg räumten.
Das Buch entstand praktisch während der Realisierung und verlangte von allen Beteiligten ein Höchstmass an gutem Willen und Beweglichkeit; auch von der Wissenschaft in ihrem Misstrauen, über die assoziative Kraft der Bilder nicht richtig verstanden zu werden. Das Buch will nicht Angst und Gefahr verkaufen. Es ist getragen von der Sorge um unsere Zukunft, aber auch vom Vertrauen in sie. Wir hoffen, dass wir ein wenig davon dem Betrachter vermitteln können.

Ulrich Schotterer

Vorwort

Das Klima ändert sich. Die Änderungen waren früher ausschliesslich natürlichen Ursprungs. Seit der Landnahme des Menschen, vor allem aber durch die Industrialisierung, greift der Mensch in den natürlichen Klimaablauf ein. Rodungen der Wälder in der Bronze- und Eisenzeit finden heute die Fortsetzung in der Zerstörung der tropischen Waldgürtel. Dies beeinflusst die Wärmeflüsse auf der Erdoberfläche und den Wasserhaushalt grosser Räume. Wegen der Nutzung fossiler Energieträger muss ein Anstieg der mittleren globalen Temperatur befürchtet werden, was unter anderem auch Konsequenzen für die Niederschlagsverteilung hat. Die Veränderungen halten sich nicht an politische Grenzen. Wenn verhindert werden soll, dass das komplizierte Klimasystem weiterhin durch menschliche Aktivitäten gestört wird, sind Lösungen auf der Basis internationaler Zusammenarbeit zu suchen. Die Kommission für Klima- und Atmosphärenforschung der SNG ist daran beteiligt, um mitzuhelfen, rechtzeitig auf mögliche Klimaveränderungen hinzuweisen. Die von der Wissenschaft erarbeiteten Vorschläge, wie man solchen Änderungen begegnen könnte, bedürfen zur Umsetzung politischer Entscheide. Weil politische Entscheide aber von unseren Bürgern mitgetragen werden müssen, sind wir bestrebt, unsere Forschungsergebnisse einer weiten Öffentlichkeit zugänglich zu machen.

Gerhard Furrer, CCA

Zum Geleit

Zu allen Zeiten hat das Klima das tägliche Leben des Menschen geprägt und die sozialen, wirtschaftlichen und politischen Gesellschaftsstrukturen mitbestimmt. Mit ihrem Bevölkerungswachstum und der technischen Entwicklung ist die Menschheit daran, das Klima, einen bedeutenden Faktor unserer Umwelt, zu verändern. Diese Tatsache zwingt uns zum Nachdenken und Handeln. Die vorliegende, reich bebilderte Publikation ist in enger Zusammenarbeit zwischen Wissenschaftern und jungen Grafikern entstanden und möchte einem breiten Publikum die neuesten Erkenntnisse über unser Klima und die damit verbundenen Besorgnisse näherbringen. Ich wünsche dem Werk bestmögliche Aufnahme, vor allem von seiten der jungen Generation. Es gilt, eine harmonische Beziehung zwischen dem Menschen, der Technik und der Natur zu erreichen. Es geht um unsere Zukunft.

Flavio Cotti, Bundesrat

Inhaltsverzeichnis

Viel Bekanntes, Alltägliches in gedrängter Form; als Einstieg gedacht. Wie kommt es zum Wetter – bei uns und anderswo? Und was ist eigentlich Klima?

Die Sonne ist der Motor des Klimasystems. Sie treibt Meeresströmungen an, setzt den Wasserkreislauf in Bewegung, bestimmt die großen Windsysteme. Der dünne, unsichtbare Schleier der Atmosphäre macht Leben möglich und steuert den Temperaturhaushalt der Erde.
Der große Wechsel von Warm- zu Eiszeiten wird durch viele Zwischenstadien unterbrochen. Änderungen können sehr plötzlich auftreten. Wie stabil ist unser Klimasystem eigentlich?

Das Klima formt die Landschaft. Klima und Landschaft prägen den Menschen, der darin lebt. Kultur- und Lebensraum von der Eiszeit bis zur Industriegesellschaft.
Als Beispiel: Klima und Umwelt des nördlichen Afrikas in den letzten 18 000 Jahren – und die Schweiz seit dem Mittelalter. Das Erwachen beginnt im 19. Jahrhundert.

4. Mensch – Klima

Seite 96

Die Bevölkerung wächst. Der Energiehunger wächst – auch dort, wo es nur ums Überleben geht. Der Raubbau am Wald und der weltweite Eingriff in die natürlichen Systeme. Wie empfindlich ist ein Ökosystem? Der Anstieg von Kohlendioxid und anderen Spurengasen; das Ozonloch. Machen wir die Erde zum überheizten Treibhaus?

5. Klimaforschung

Seite 120

Klimaforschung in der Schweiz hat Tradition. Experimentielle Methoden der Quantenphysik in der Klimaforschung. Die Welt aus dem All. Das Weltklimaprogramm. Was müssen wir wissen, und: Brauchen wir ein Schweizer Klimaprogramm?

6. Klima – unsere Zukunft? Ausblicke

Seite 142

Die Welt wird wärmer – aber wird sie auch besser?
Der Meeresspiegel steigt.
Palmen am Matterhorn?
Der Bauer als Landschaftsgärtner.
Wir müssen lernen zu sparen – und die anderen?
Alle sitzen im selben Boot.
Für ein lebenswürdiges Verhältnis Mensch – Technik – Umwelt.

Wetter und Klima

1

Klima- unsere Zukunft? Das wird weitgehend vom Wetter abhängen. Beide Begriffe werden im täglichen Sprachgebrauch so selbstverständlich angewandt, dass ihr Inhalt jedermann klar zu sein scheint. Dabei ist sehr oft das Gegenteil der Fall. Wir wollen im folgenden versuchen, die Begriffe zu definieren und sie an unserer gewohnten Umgebung verständlich zu machen. Der zu erwartende Einfluss des Menschen auf das Klima hat aber globalen Charakter. Und die Auswirkungen können regional sehr verschieden sein. Die Wetterküche der Schweiz kann manchmal auch vor der Küste von Peru liegen. Wir werden uns daher nicht nur auf die Schweiz beschränken, sondern versuchen, an einigen Beispielen die weltweiten Zusammenhänge zwischen Wetter und Klima aufzuzeigen.

1 Einführung und Begriffe

Unter *Wetter* und *Wetterlage* verstehen wir den augenblicklichen Zustand der Atmosphäre. Dieses Momentanbild wird durch die Grösse verschiedener Wetterelemente, wie Temperatur, Luftdruck, Wind, Feuchtigkeit, Bewölkung, Niederschlag oder Sichtweite, bestimmt. Der Lebenszyklus einer momentanen Wettererscheinung ist meist sehr kurzlebig. Er dauert oft weniger als eine Stunde und selten mehr als einige Tage. Für das Wettergeschehen mit all seinen Wechseln und Extremen besitzt der Mensch ein sehr ausgeprägtes Empfindungsvermögen. Das *Klima* ist die Zusammenfassung aller Wetterlagen einer bestimmten Region über einen Zeitraum von Jahren bis Jahrzehnten. Das Verhalten der Wetterelemente und damit des klimatischen Zustandes kann statistisch beschrieben werden. Solche statistischen Masse wie Mittelwerte, Varianzen, Extremwerte oder Wahrscheinlichkeiten für das Auftreten bestimmter Werte im Tages- und Jahresablauf sind Grundlagen für vielfältige Planungsarbeiten, die wetterabhängig sind. Die *Witterung* ist sozusagen die Verbindung zwischen Wetter und Klima. Sie erstreckt sich über einen Zeitabschnitt von mehreren aufeinanderfolgenden Tagen, gelegentlich sogar von ein bis zwei Wochen, wobei in dieser Zeit ein ganz bestimmter Wettercharakter oder Wettertyp vorherrscht. Jede für unseren Alpenraum charakteristische Witterungslage steht in engem Zusammenhang mit einer Grosswetterlage, die weite Gebiete Europas überdeckt. Die Jahr für Jahr mehr oder weniger gleichartigen Abläufe und Häufigkeiten der typischen Witterungslagen prägen unser Klima. Im Alpenraum, der uns besonders interessiert, kann der Wettercharakter durch geländebedingte Föhn- oder Stauerscheinungen deutlich verändert werden.

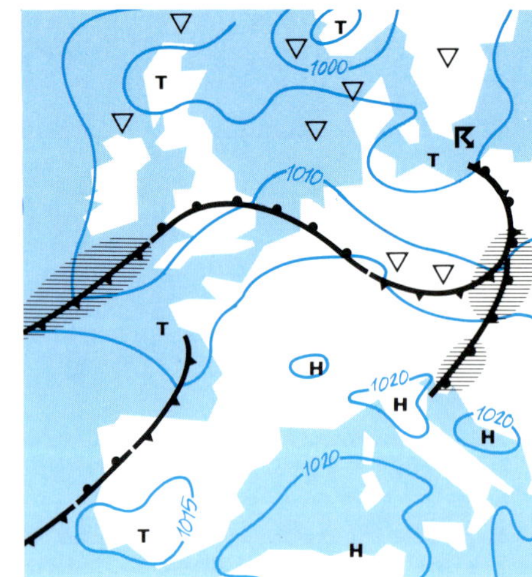

1.1

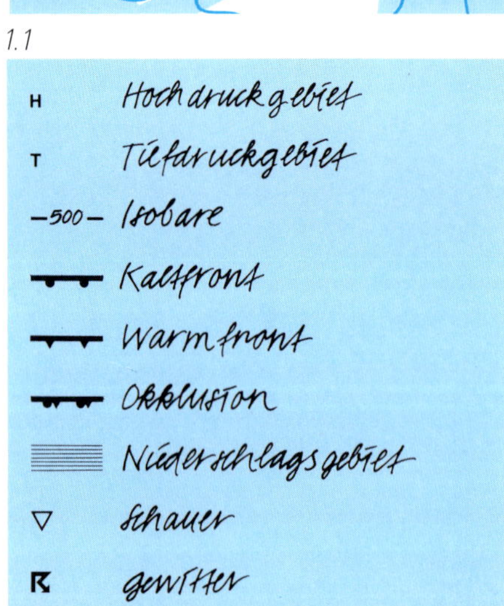

1.1.
Wetterkarte einer sommerlichen Hochdrucklage vom 29. Juli 1984, wie sie der Meteorologe sieht.

1.2
... und so empfindet ein Wanderer das Wetter im Bernischen Mittelland, wenn er seine Seele im Winde baumeln lässt. Das Bild entstand auch am 29. Juli 1984.

1.2

1

1.3
So sieht es der europäische Wettersatellit METEOSAT aus 36000 km Höhe: Wolkenverteilung am 29. Juli 1984 mittags. Die Aufnahme wurde im sichtbaren Bereich gemacht und zeigt hell: dichte Wolken und hellen Sand; mittel: dünne Wolken und pflanzenbedecktes Land; dunkel: Meeresflächen.

Die sechs typischen Wetterlagen in der Schweiz

365 Tage im Jahr, jeder mit seinem eigenen Gepräge, eine verwirrende Vielfalt! Trotzdem lassen sich deutlich gewisse Gruppen unterscheiden. Eine erste Einteilung erfolgt nach dem Wind: Bei schwachwindigen Lagen liegen die Kurven gleichen Luftdrucks weit auseinander, während Strömungslagen herrschen bei starken Druckunterschieden kräftige Winde vor. Die erste Gruppe umfasst Hochdrucklagen und die flache Druckverteilung. In der zweiten Gruppe finden wir vier Wettersituationen, die den Hauptwindrichtungen entsprechen: Föhn, Westwind, Nordstau und Bise. Zusammen ergeben sich also sechs Wettertypen, aus welchen viele Spielformen von Wetterabläufen mit örtlichen Abweichungen entstehen können. Eine Änderung in der heutigen Häufigkeitsverteilung der einzelnen Typen, bedingt durch ein Nord- oder Südwärtswandern der grossen Klimagürtel, verändert nicht nur die uns vertrauten Mittelwerte, sondern auch die markanten und für unsere Umwelt bedeutungsvollen Wetterextreme. Da nun aber der Mensch in zunehmendem Mass in den natürlichen Ablauf der komplexen Wechselbeziehungen des Klimasystems eingreift, stellt sich die berechtigte Frage, ob wir mit einer Zunahme schwer vorhersagbarer extremer Wettersituationen rechnen müssen. Bevor wir auf diese Frage eingehen, nehmen wir ein Inventar des gegenwärtigen Zustandes auf und stellen die sechs für unser mitteleuropäisches Wetter massgebenden Bausteine in einem Kurzportrait mit Wetterkarte und Foto vor. Auf eine siebte Gruppe – das Zentrum eines aktiven Tiefdruckkerns – wollen wir in diesem Rahmen verzichten. Die Wirbel meiden das Alpengebiet. Sie verlieren dort ihre Kraft rasch infolge starker Reibung.

1.6
Im sommerlichen Hoch bilden sich tagsüber kleine Haufenwolken, besonders über den Berggipfeln wie hier im Rhonetal bei Riddes.

1.7
Im Winter sind die Niederungen oft unter einer Nebeldecke versteckt. In den Bergen ist es wolkenlos. Blick ins Berner Oberland.

1. Hochdruckgebiet über Mitteleuropa

1.4
Im Kerngebiet des ausgedehnten Hochs sinken die Luftmassen ab, wobei sich die Wolken auflösen.

1.5
Im Frühlingshoch finden wir grösstenteils heiteres Wetter. In den Alpen liegt noch Schnee.

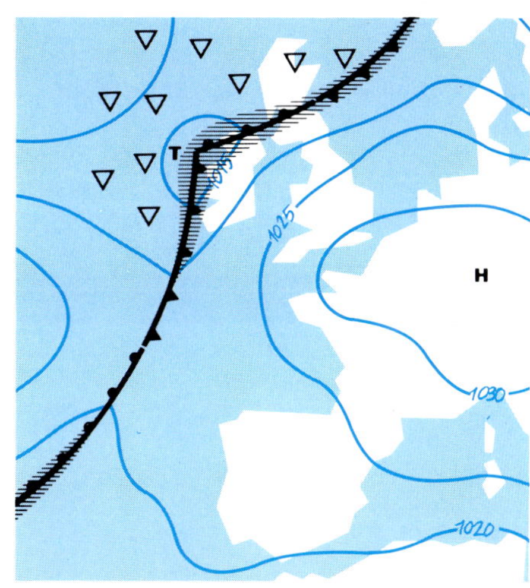

1.4

1.5

1.6

1.7

1

2. Flache Druckverteilung

Wenn das Polargebiet in der warmen Jahreszeit ganztägig von der Sonne beschienen wird, schwächen sich die Temperatur- und Druckgegensätze zwischen Pol und den Subtropen ab. Die Druckverteilung wird dann über Mitteleuropa oft flach. Auf dem Kontinent erhitzt sich die Luft und steigt in einzelnen Warmluftblasen in die höheren Luftschichten. Dabei bilden sich besonders gegen Abend hochreichende Gewitterwolken, welche bis ins Eiskristallniveau bei Temperaturen unter -40° hinaufreichen. Eiskristalle wachsen und fallen dann strichweise in tiefere Luftschichten. Die Folge sind kräftige Niederschläge, oft in Form von Hagel. Die grossen elektrischen Spannungen entladen sich in Blitzen. Kurzzeitig treten starke Böen auf.

1.8
Die Kurven gleichen Luftdrucks – Isobaren – liegen in Mitteleuropa weit auseinander. Bei der Rhonemündung ist ein kleiner Tiefdruckherd entstanden.

1.9
Sommerliches Gewitter über dem Zuger See.

1.10
Gewitterwolken im Monte Rosa-Gebiet auf dem Colle Gnifetti. Im Vordergrund ein mobiles Feldlabor der Universitäten Heidelberg und Bern aus dem Jahr 1982. Heute werden hier mit einem Meteomast verschiedene Wetterparameter automatisch registriert.

1.11
Tief im Westen, Hoch über Osteuropa. Ein Föhnknie hat sich über der Poebene gebildet.

1.12
Der Föhn schiebt sich beim Lauwerzersee über die nebelige Kaltluft. Im Hintergrund die Mythen.

3. Föhnlage

Während der Föhnlage herrscht in der Höhe eine starke, alpenüberquerende Strömung aus Süd bis Südwest. Die anströmende feuchte Luft steigt von Genua kommend am Alpensüdfuss auf und kühlt sich ab. Die Folge sind Wolken und oft auch Niederschlag. Nördlich des Alpenkammes fällt die Luft in die Quertäler hinunter. Sie erwärmt sich dabei stark und trocknet aus. Im Mittelland trifft die Föhnströmung meist auf eine dort lagernde neblige Kaltluftmasse. In den höheren Luftschichten entstehen Wellenbewegungen. Die Wolken lösen sich im Alpenvorland teilweise auf. Es bilden sich linsenförmige Wolken, die Föhnfrische oder Lenticulariswolken.

1.9

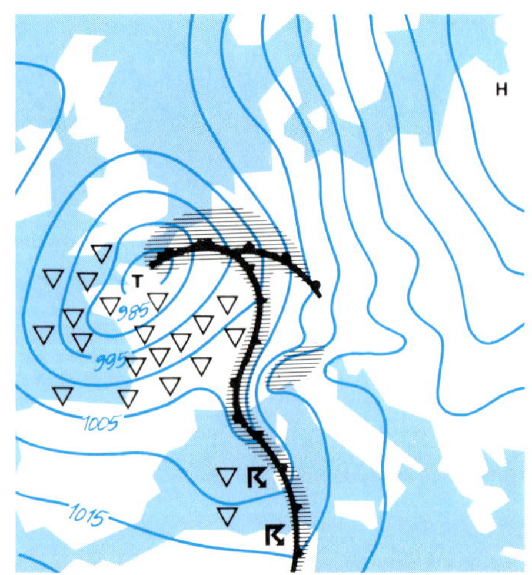

1.11

1.8

1.10

1.12

1.13
Der Föhnsturm vom 8.11.1982 hat am Rossberg bei Arth-Goldau einen Wald niedergemäht.
1.14
Das Strömungsschema Tessin-Mittelland-Jura bei einer Föhnlage.
1.15
Enge Scharung der Isobaren im sogenannten Warmsektor südlich des Tiefzentrums. Abkühlung mit Winddrehung von West auf Nordwest auf der Rückseite westlich des Tief.

4. Westwindwetter

Ein kräftiges Tief zieht vom Ozean über die britischen Inseln rasch gegen die Nordsee. Dabei überqueren seine Störungslinien, die sogenannten Fronten, mit ihren Wolkensystemen ganz Mitteleuropa.

1.16
Starker Westwind im November am Zuger See.
1.17
Eine Polarfrontwelle zieht gegen Osten. An der Warmfront gleitet die Warmluft über die darunterliegende kalte Luftmasse. Das verursacht dichte Bewölkung und Niederschlag über West- und Mitteleuropa.

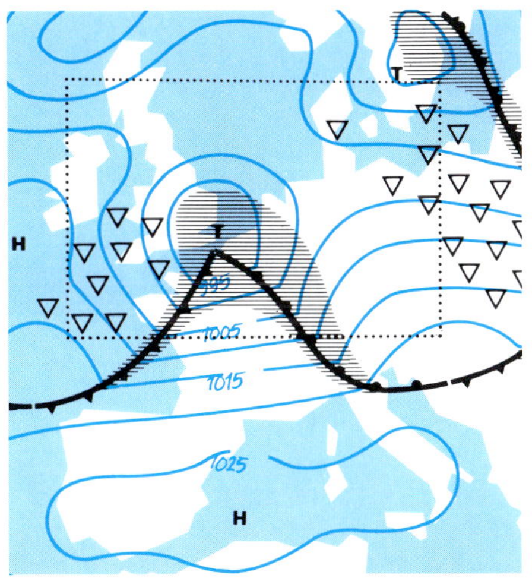

1.15

1.16

1.13

1.14

1.17

1

5. Staulage

Kalte Luft von der Nordsee staut sich am Alpennordhang und bringt dort geschlossene Bewölkung und Niederschläge. Auf der Alpensüdseite erwärmt sich die Kaltluft beim Abstieg in die Täler. Es entsteht Nordföhn am Alpensüdfuss.

1.18
Entgegengesetzte Luftdrucklage wie beim Föhn: Hoch im Westen, Tief im Osten.

1.19
Aufstieg zum Gridone westlich von Locarno bei Nordföhnlage. Auf der Alpensüdseite lösen sich die Wolken, die über dem Alpenkamm noch zu erkennen sind, rasch auf.

6. Bisenlage

Der Nordostwind wird in der Schweiz Bise bezeichnet. Er strömt über das Mittelland zwischen Jura und Alpen gegen die Westschweiz und verstärkt sich im Raum Genf, wo die beiden Bergketten zusammenlaufen. Die Bise bringt dort im Winter bei blauem Himmel und klirrender Kälte oft stürmischen Seegang. Zeitweise können mit der Bise besonders im Sommer Warmluftmassen aus dem östlichen Mittelmeer um ein dort lagerndes Tief herum über Österreich zu uns verlagert werden. Dann herrscht die bise noire, die statt blauem Himmel unfreundliches, graues Wetter mit vereinzelten Niederschlägen bringen kann.

1.20
Palmen und fischförmige Wolken bei Nordföhn in der Gegend von Locarno. Die Alpen schützen die südlichen Täler vor Kaltlufteinbrüchen. Im Tessin können daher subtropische Gewächse wie Palmen gedeihen.

1.21
Hochdruck über den britischen Inseln und Norddeutschland. Tiefdruck im zentralen Mittelmeer. Im Winter Kaltluftzufuhr aus Osteuropa.

1.22
Eine Uferpartie in Genf bei winterlicher Bise.

1.23
Strömungsschema bei Bise.

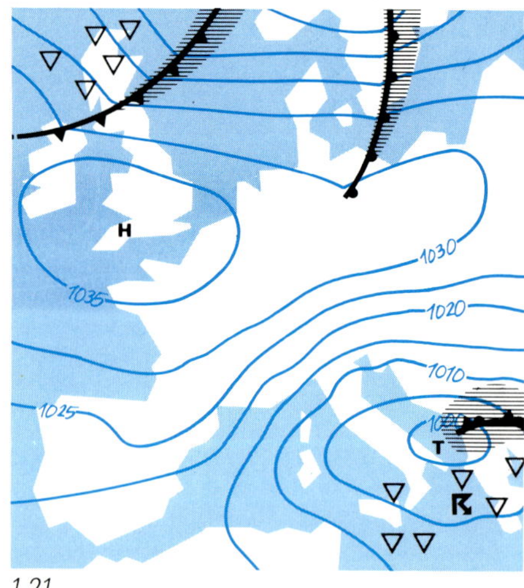

1.21

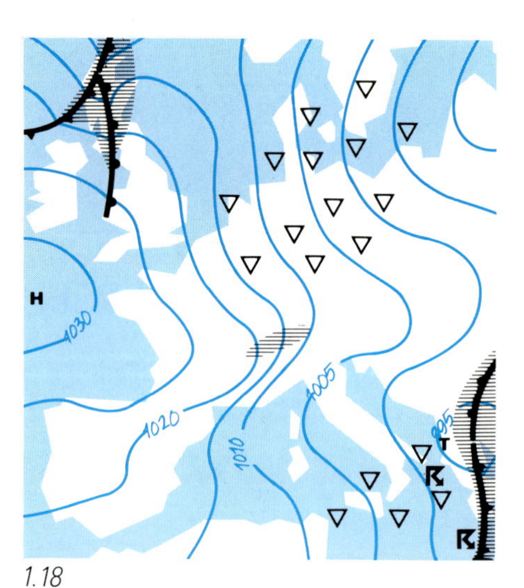

1.18

1.22

1.19

1.20

1.23

Schema der Strömungslagen 3 – 6

Bei Strömungslagen liegen die Kurven gleichen Luftdrucks im Alpengebiet nahe beieinander. Je nach der Lage der Hoch- und Tiefdruckzentren entstehen Winde aus verschiedenen Himmelsrichtungen. Wir brauchen nur eine Regel zu kennen: Aus den Hochdruckgebieten strömt die Luft im Uhrzeigersinn spiralförmig nach aussen, in Gebieten mit tiefem Luftdruck fliesst sie gegen den Uhrzeigersinn zum Zentrum, von wo sie dann aufsteigt. Auf der windzugewandten Seite eines Gebirges, im Luv, entsteht Stau mit starker Bewölkung, auf der windabgewandten Seite, im Lee, gibt es Föhnaufhellungen. Viel Freude bei den eigenen Wetterbeobachtungen!

1.24
Luftbewegung zwischen Hoch- und Tiefdruckgebieten.
1.25
Karte der Schweiz mit den Strömungslagen. Die Zahlen bezeichnen mit:

3. Föhnlage. Warme, alpenüberquerende Mittelmeer-Luftmassen.
4. Westwindwetter. Abwechselnd warme und kalte ozeanische Luftmassen.
5. Staulage. Kaltluft aus Norden, Alpensüdseite warm. Es herrscht Nordföhn.
6. Bisenlage. Kontinentale, besonders im Winter kalte Luft aus Osteuropa.

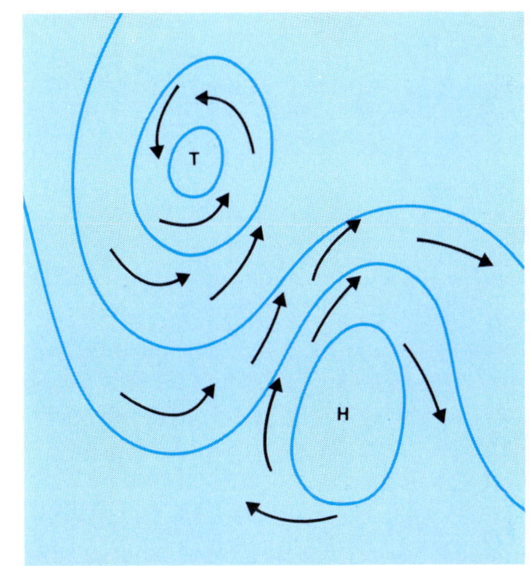

1.24

1.25

1 Extremwetter im Alpenraum

Klimaschwankungen wirken sich besonders durch die Verschiebung der Extreme aus. Dies vor allem bei Temperatur und Niederschlag. Das Temperaturmaximum in der Schweiz wurde im Juli 1952 mit 39° C in Basel gemessen, das Tagesmaximum des Niederschlags im Centovalli, Tessin, mit über 400 mm am 10. September 1983. Verheerende Auswirkungen können die Summen einer ganzen Periode haben, wie im April 1986, ebenfalls im Tessin, mit mehr als der siebenfachen Normalmenge. Die Folgen sind gewaltige Lawinenniedergänge. Aber auch lange, niederschlagsarme Intervalle

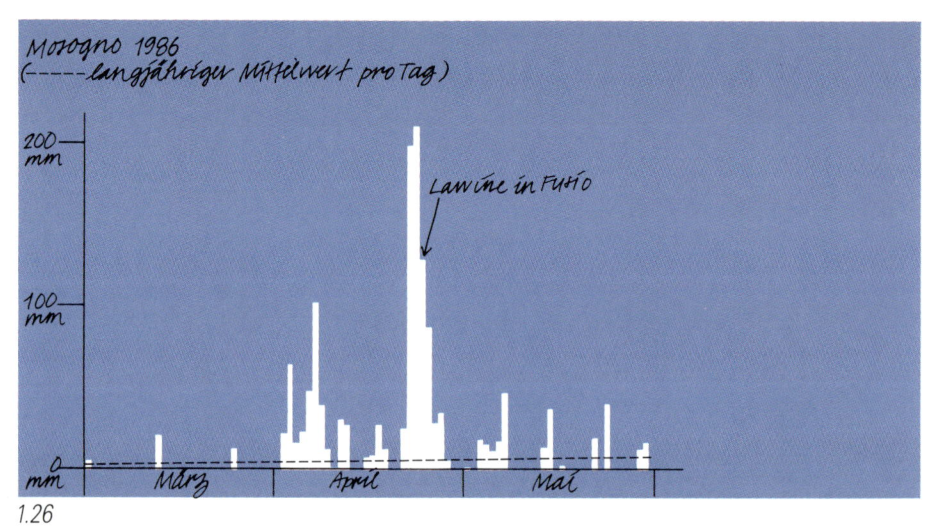

1.26

1.27

im Winter von 2–3 Monaten Dauer sind auf der Alpensüdseite und ganz allgemein im Mittelmeergebiet keine Seltenheit und bringen meist grosse Waldbrandgefahr. Sollten sich extreme Ereignisse aufgrund einer zu erwartenden Klimaverschiebung häufen, sind solche Gebiete als besonders gefährdet anzusehen.

1.26
Niederschlagsverlauf im Frühling 1986 in Mosogno, Tessin.

1.27
Lawinenniedergang bei Fusio, Tessin.

1.28
Niederschlagsverlauf im Herbst 1983 in Locarno.

1.29
Waldbrand bei Locarno.

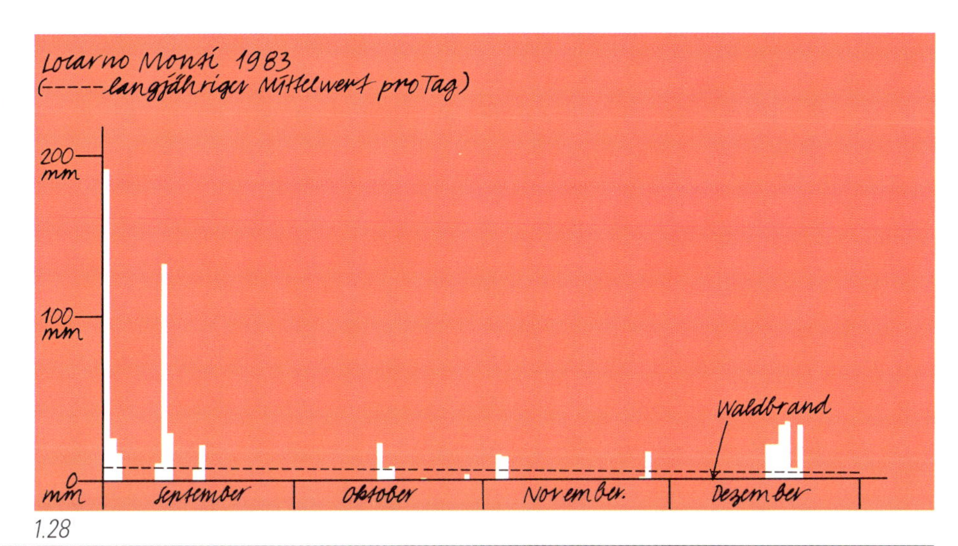

1.28

1.29

1 Extremwetter ausserhalb des Alpenraumes

Aussergewöhnliche Stürme treten in den gemässigten Breiten vorwiegend in der kalten Jahreszeit auf. Da sie meist aus West bis Nordwest wehen, sind die Westküsten besonders gefährdet. Nach heute vorliegenden Daten scheint es, dass Sturmfluten an der Nordseeküste in unserem Jahrhundert häufiger auftreten als früher. Die bis heute gesicherten Jahreszahlen sprechen für sich, selbst wenn sich die Beurteilungskriterien geändert haben mögen: 1164–1219–1287–1362–1421–1634–1717–1825–1953–1967–1976–1981.
Heute kann eine Flachküste nur mit aufwendiger Technik geschützt werden, früher musste man empfindliche Landverluste in Kauf nehmen.

1.33
Ein Landschutzdeich wird überflutet. Langanhaltende Nordweststürme treiben das Wasser in die Norddeutsche Bucht. Für die Bewohner der dahinter liegenden Küstengebiete bedeutet dies höchste Gefahr – vor allem, wenn die Dämme den anflutenden Wassermassen nicht mehr standhalten.

1.33

1.30 – 1.32
Fortschreitende Landverluste in Nordfriesland an der deutschen Nordseeküste in den Jahren 1240, 1634 und 1832.

1 Extremwetter: Tropische Wirbelstürme

Tropische Wirbelstürme entstehen nur über dem offenen Meer bei Wassertemperaturen von mindestens 25° C und ausreichender Luftfeuchtigkeit. Die hohen Wassertemperaturen erzeugen starke Thermik und Verdunstung, was zu hochreichender intensiver Wolkenbildung begleitet von orkanartigen Stürmen führt. Solange diese extremen Tiefdruckwirbel über dem offenen Meer bleiben, erreichen sie eine Lebensdauer von manchmal mehr als zwei Wochen. Sie erhalten deswegen oft eigene Namen, die bis zu den offiziellen Protesten amerikanischer Frauenvereine ausnahmslos weiblich waren. Erreichen sie Küstengebiete, so gelangen sie wegen ihrer Zerstörungskraft zu trauriger Berühmtheit.

1.34
Aussergewöhnlicher Wirbelsturm im Mittelmeer nördlich der Kleinen Syrte am 25. 1. 1982. Trotz zeitweise genügend hoher Wassertemperaturen fehlt in dieser Gegend meist die entsprechend nötige hohe Luftfeuchtigkeit, die zur Bildung von Wirbelstürmen führen kann. Der im Sommer vorherrschende trockene Nordost-Passat entzieht der Luft die Feuchtigkeit.
1.35
Tropischer Wirbelsturm. Die meisten dieser Stürme lösen sich auf, bevor sie grösseren Schaden anrichten können.

1.34

1.35

Extremwetter:
Sandstürme

Ausgeprägte Warmluftausbrüche aus der Sahara können grosse Staubmengen bei einer bestimmten Luftdruckverteilung – Tief über Spanien bis Marokko – auf direktem Weg in die Alpen verfrachten. Der Staub muss dabei durch starke Thermik mindesens 5000 m hochgewirbelt werden. Gelangt er dann in eine ausgeprägte Südströmung, ausgelöst durch das erwähnte Tief, erreicht er die Alpenkette kaum 24 Stunden später und fällt dort vor allem durch die intensive rötlich-gelbe Färbung der winterlichen Schneedecke auf. Der überwiegende Transport von Saharastaub findet allerdings in der Passatströmung nach Westen statt und kann sogar die über 5000 km im Westen der Sahara liegenden Inseln der Antillen und Florida erreichen. Anhand von Satellitenbildauswertungen lässt sich heute abschätzen, dass während eines einzigen Sommers bis 200 Millionen Tonnen Staub aus der Sahara auf den Atlantik geblasen werden. Das entspricht einer Staubmenge von 10 grossen Vulkanausbrüchen.

1.36
Staubtransport aus der nördlichen Sahara über das Mittelmeer gegen die Alpenkette. Die gelb eingefärbte Staubfahne wurde am 28.7.1983 beobachtet.
1.37
Eine riesige Staubwolke verfinstert den Himmel.

1.36

1.37

1

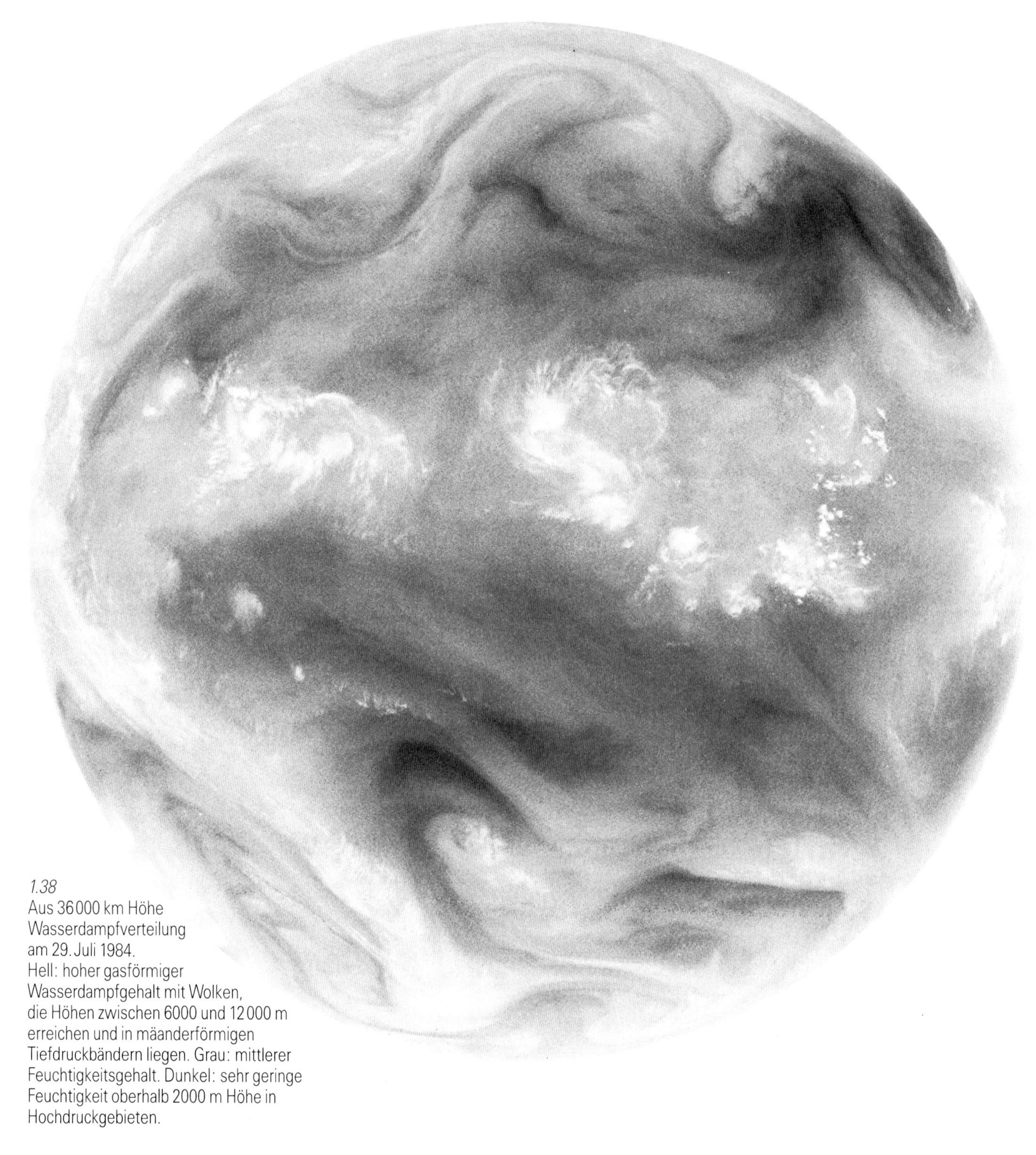

1.38
Aus 36000 km Höhe
Wasserdampfverteilung
am 29. Juli 1984.
Hell: hoher gasförmiger
Wasserdampfgehalt mit Wolken,
die Höhen zwischen 6000 und 12000 m
erreichen und in mäanderförmigen
Tiefdruckbändern liegen. Grau: mittlerer
Feuchtigkeitsgehalt. Dunkel: sehr geringe
Feuchtigkeit oberhalb 2000 m Höhe in
Hochdruckgebieten.

Wolken, Wasserdampf und Wind

Diese drei Klimaparameter sind eng miteinander verknüpft. Wolkenbildung findet nur unter bestimmten Wetter- und Klimabedingungen statt und hängt vom jeweiligen Luftdruck und somit den Windverhältnissen ab. Die mittlere Bewölkung hat in vielen Regionen der Erde sehr charakteristische Variationen. Typisch dafür ist das Nord- und Südwärtspendeln der Intertropikfront der ITC. Es ist dies das Zusammentreffen feuchter äquatorialer Luft mit den trockenen Passatwinden. Neben der Sonneneinstrahlung bestimmen Wolken und Wasserdampfverteilung die grossen Klimazonen der Erde. Der Wasserdampf entzieht sich unserer optischen Wahrnehmung. Über Satellitenaufnahmen ist es heute möglich, seine globale Verteilung sichtbar zu machen. In Girlanden und Wirbeln zeigen sich die weltweiten Austauschvorgänge durch die grossen Luftströmungen zwischen den beiden Hemisphären über den Äquator hinweg. So können sich dann Vorgänge im Südpazifik über Nordamerika bis zu uns auswirken.

1.39
Die Bewölkung über dem mittleren Afrika folgt dem jahreszeitlichen Sonnenstand. Das ausgeprägte Wolkenband ist an die ITC gebunden und erreicht im Nordsommer in 10–15 ° N den Sahelbereich und bringt dort sehr unregelmässigen Niederschlag.

1.40
Im Südsommer liegt die ITC südlich des Äquators. Das dunkle Band zeigt den wolkenlosen tropischen Urwald.

1.41
Schlechtwetteraufzug über Grönland. Die normalerweise geschichtete Bewölkung wird hier durch Polarbande strukturiert, die die in der Höhe aufgleitende Warmluft signalisiert.

1.42
In den Tropen, wie hier am Rande des Rift-Valley in Kenya, dominiert Quellbewölkung, die durch aufsteigende Warmluftblasen verursacht wird.

1.39

1.41

1.40

1.42

1

1.44
Windrose Mitteleuropa. Die Häufigkeit der Winde in Bodennähe aus verschiedenen Richtungen ist in dieser Windrosendarstellung durch die Länge der schwarzen Balken markiert. Neben den Kreisen steht der Prozentwert der Fälle mit sehr schwachem Wind. Der Feldberg im Südschwarzwald ist typisch für die von der Umgebung nicht beeinflussten Windverhältnisse in Mitteleuropa mit deutlicher Südwest- und Westwinddominanz. In Tälern wie beispielsweise in Altdorf wird der Wind in zwei Richtungen kanalisiert.

1.45
Mittlerer Verlauf der ITC und der Luftdruckverteilung über Indien. Bild links zeigt die Verhältnisse im Januar, rechts die vom Juli. Der Vorstoss der ITC im Sommer leitet den Monsunregen ein. Die Strömungsumkehr vom trockenen Nordostpassat im Winter zum feuchten Südwestwind im Sommer ist eine Folge der geänderten Luftdruckverhältnisse über Asien.

1.46
Windrose der Trocken- und der Regenzeit im Sahel. Die im Bild 1.45 wiedergegebene Strömungsumkehr erzeugt im Jahresmittel ein recht symetrisches Windrosenbild mit den zwei Hauptwindrichtungen aus Nordost und Südwest.

1.47
Die mittlere Verteilung des Luftdruckes in hPa, bezogen auf das Meeresniveau, bestimmt die vorherrrschenden Winde – grüne Pfeile – und damit die Klimagürtel. Beidseits des Äquators liegen die subtropischen Hochdruckzonen. Weiter polwärts befinden sich die subpolaren Tiefdruckgebiete. Die bei uns im wesentlichen wetterwirksamen Druckzentren sind das Azorenhoch und das Islandtief. Die Luftdruckverteilung verursacht über den mittleren Breiten beider Halbkugeln ein breites Westwindband. Wegen des flachen Tiefdruckgürtels über dem Äquatorbereich weht der Passat aus dem Sektor Ost aus den Subtropenhochs beider Hemisphären in Richtung dieses tieferen Druckes. Wie erwähnt nehmen die Monsungebiete eine Sonderstellung ein. Der markante Wechsel vom Winter- zum Sommerhalbjahr ist durch blaue und rote Pfeile hervorgehoben.

1.48
Landwirtschaft von Kleinbauern im semiariden Nordwesten des Mt. Kenya während der Regenzeit.

1.49
... und während der Trockenperioden.

1.47

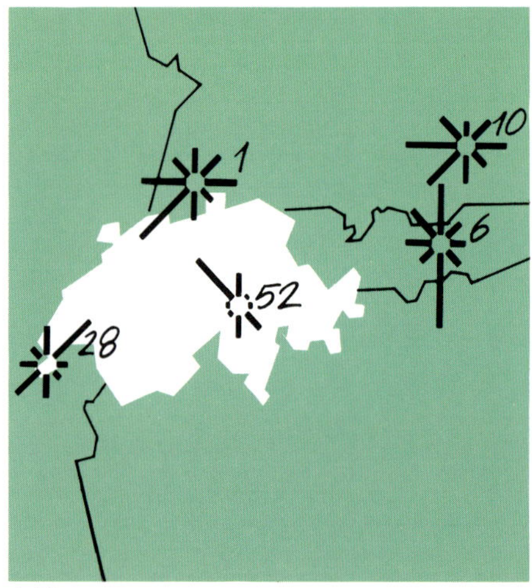

1.44

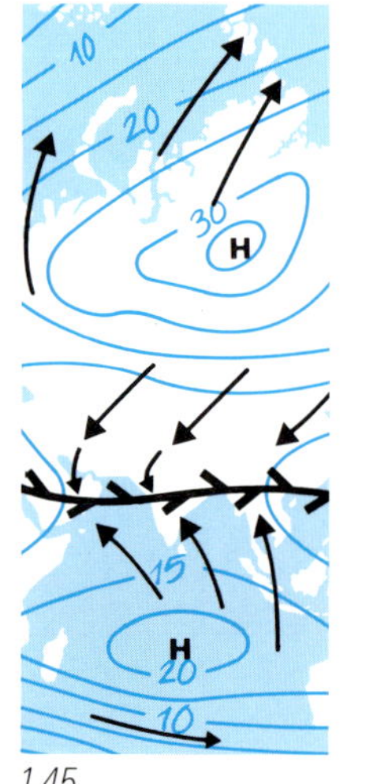

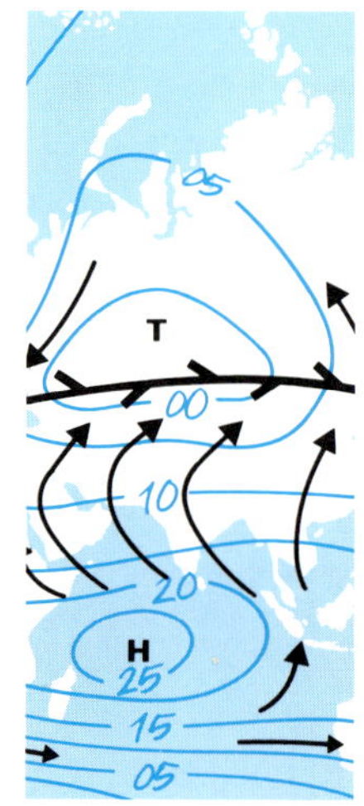

1.45

1.46

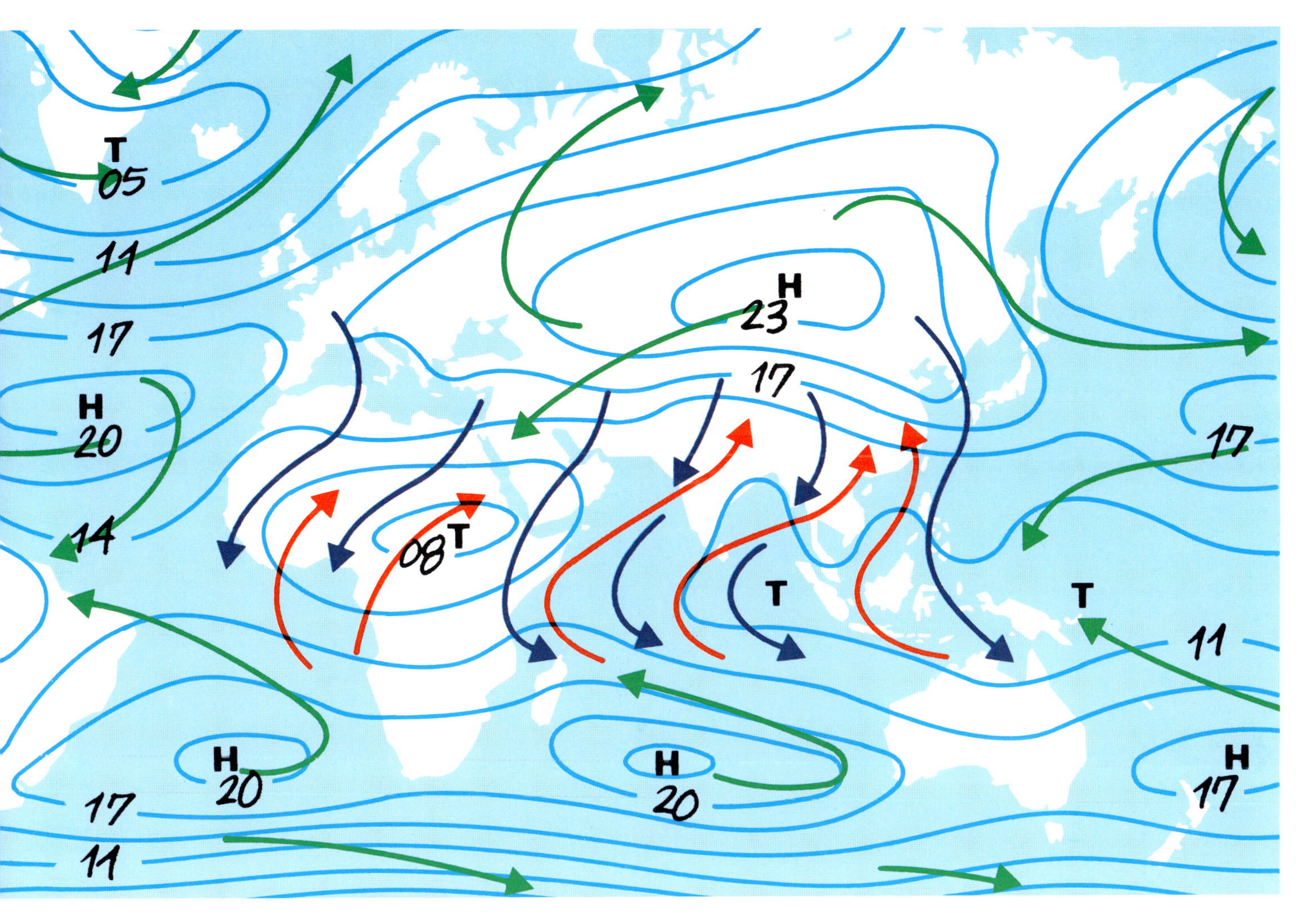

1.48

1.49

1 Sahel…

Zwei besondere Auswirkungen des globalen Klimasystems kamen in den letzten Jahren oft in die Schlagzeilen. Sahel gelangte zu trauriger Berühmtheit, das El Niño-Phänomen mutet wohl auch wegen seiner Entfernung noch etwas exotisch an. Beide werden uns im Verlauf dieses Buches immer wieder beschäftigen, da wir uns ihren vielschichtigen Auswirkungen in Zukunft kaum mehr entziehen können. Die Sahelzone, am Südrand der Sahara, wird nur im Hochsommer dank einer Winddrehung vom trockenen Nordostpassat zum feuchten Südwestwind vom Regen erreicht. Auf weniger als 500 km Distanz, etwa entsprechend der Entfernung Genf–München gehen die Regenmengen von Süden nach Norden auf rund ⅓ zurück. Bei einer mittleren Jahrestemperatur von 29 °C für beide Gebiete bedeutet dies den Übergang vom regengrünen Savannenbereich zum Wüstenklima. Die grosse Unbeständigkeit im Angebot an Sommerregen führt in Dürrejahren notgedrungen zur Überweidung. Dies fördert den Vorstoss wüstenähnlicher Bedingungen, Desertifikation, in Richtung des Äquators.

1.50
Verteilung der mittleren jährlichen Niederschlagsmenge in Millimetern im mittleren und nördlichen Afrika.

1.51
Das Leben – wie hier im Niger – am Rande der Existenz.

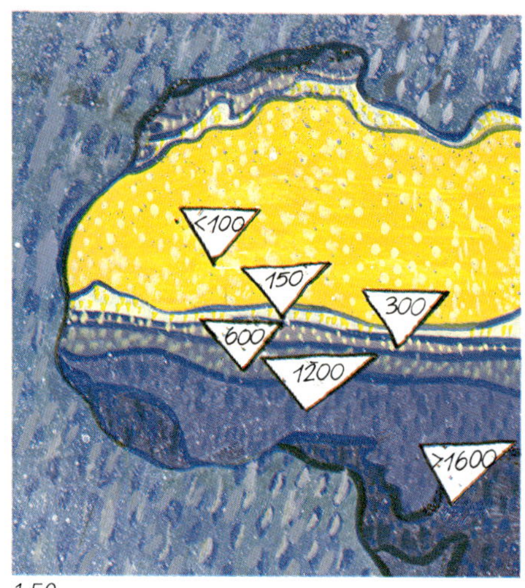

1.50

1.51

… und el Niño

Im äquatorialen Gebiet an den Westküsten von Südamerika begünstigen ablandige Winde das Aufquellen von kühlem, nährstoffreichem Wasser. An dieses Phänomen ist eine weitverzweigte Nahrungskette gebunden, die vom Plankton über Fische, Vögel und Dünger die lebenswichtige Wirtschaft beeinflusst. In unregelmässigem Abstand von drei bis sieben Jahren drehen die Winde auf West und das damit herangeführte nährstoffarme Wasser verdrängt seinerseits das Auftriebswasser. Die Nahrungskette wird unterbrochen. Die mit der warmen Meeresströmung verbundene Verstärkung von Verdunstung und Konvektion führt zu sintflutartigen Regengüssen.

1.52
Schematische Darstellung des El Niño-Phänomens. Im oberen Teil sind die Normalverhältnisse wiedergegeben, wenn kühleres, nährstoffreiches Wasser – schwarzer Pfeil – aufquellen kann. Darunter die Situation in einem El Niño-Jahr mit dem blockierenden warmen Äquatorialwasser.

1.53
Fauna und Flora der Galapagosinsel haben sich den wechselnden klimatischen Verhältnissen optimal angepasst.

1.52

1.53

1 Die Schneegrenze

Unter Schneegrenze versteht man diejenige Höhenlage, über der die winterliche Schneedecke auf einer ebenen Fläche im Verlauf des Sommers nicht mehr abschmilzt. Sie ist natürlich von der geographischen Breite abhängig und wird im wesentlichen von Niederschlag und Temperatur bestimmt. Die grossen polaren Schneeflächen sind wegen der geringen Einstrahlung und ihres hohen Rückstrahlungsvermögens ausgeprägte Kältequellen, die die subpolaren Tiefdruckgebiete aktivieren. Ihre Ausdehnung beeinflusst die Lage der Tiefdruckgürtel und damit eine Verschiebung von Klimazonen. Die Gletscher und Firnfelder der mittleren Breiten haben bestenfalls regionale klimatische Bedeutung, und die Schneegipfel am Äquator sind neben dem lokalen Einfluss auf Zirkulation und Wasserhaushalt hauptsächlich touristisch attraktiv.

1.54
Schematischer Verlauf der Schneegrenze vom Nordpol zum Äquator. Dass die Schneegrenze am Äquator nicht am höchsten liegt, hängt mit den regionalen Niederschlagsverhältnissen zusammen.

1.55
Summit, höchster Punkt Grönlands. In dieser endlosen Weite treffen sich konturenlos Himmel und Eis.

1.56
Der Findelengletscher in den Walliser Alpen im Herbst 1983. Die winterliche Schneedecke ist bis auf etwa 3000 m. ü. M. abgeschmolzen.

1.57
Der Mt. Kenya liegt genau am Äquator. In seiner Gipfelregion zwischen 4800 bis 5200 m. ü. M. befinden sich zahlreiche kleinere Gletscher, die allerdings im zwanzigsten Jahrhundert stark zurückgeschmolzen sind.

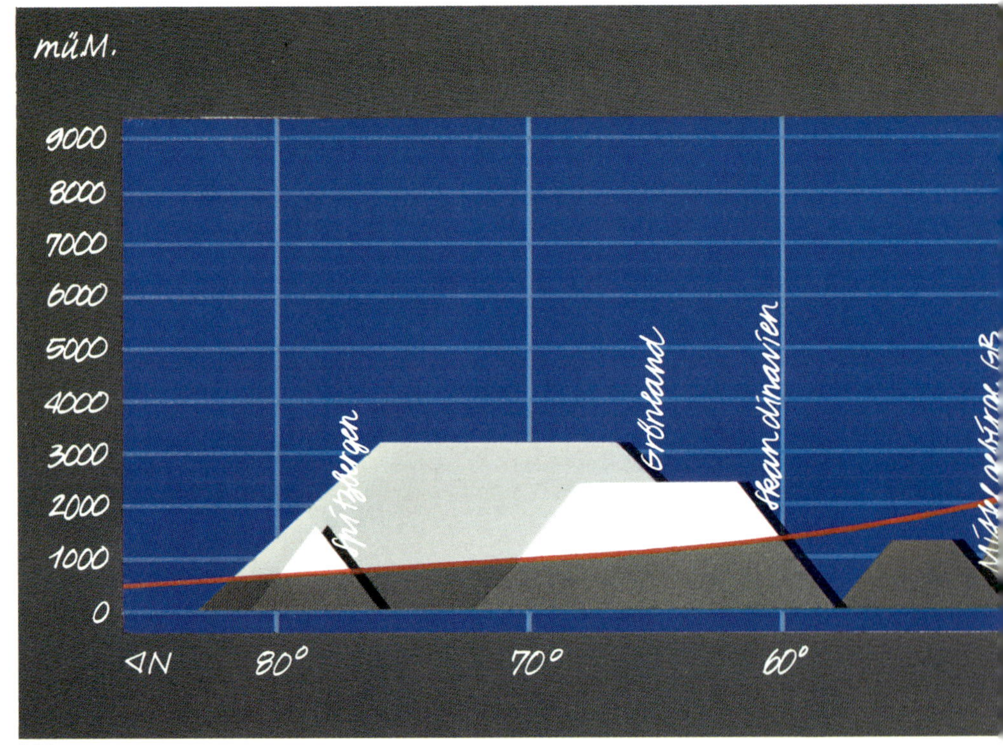

1.54

1.55

1.56

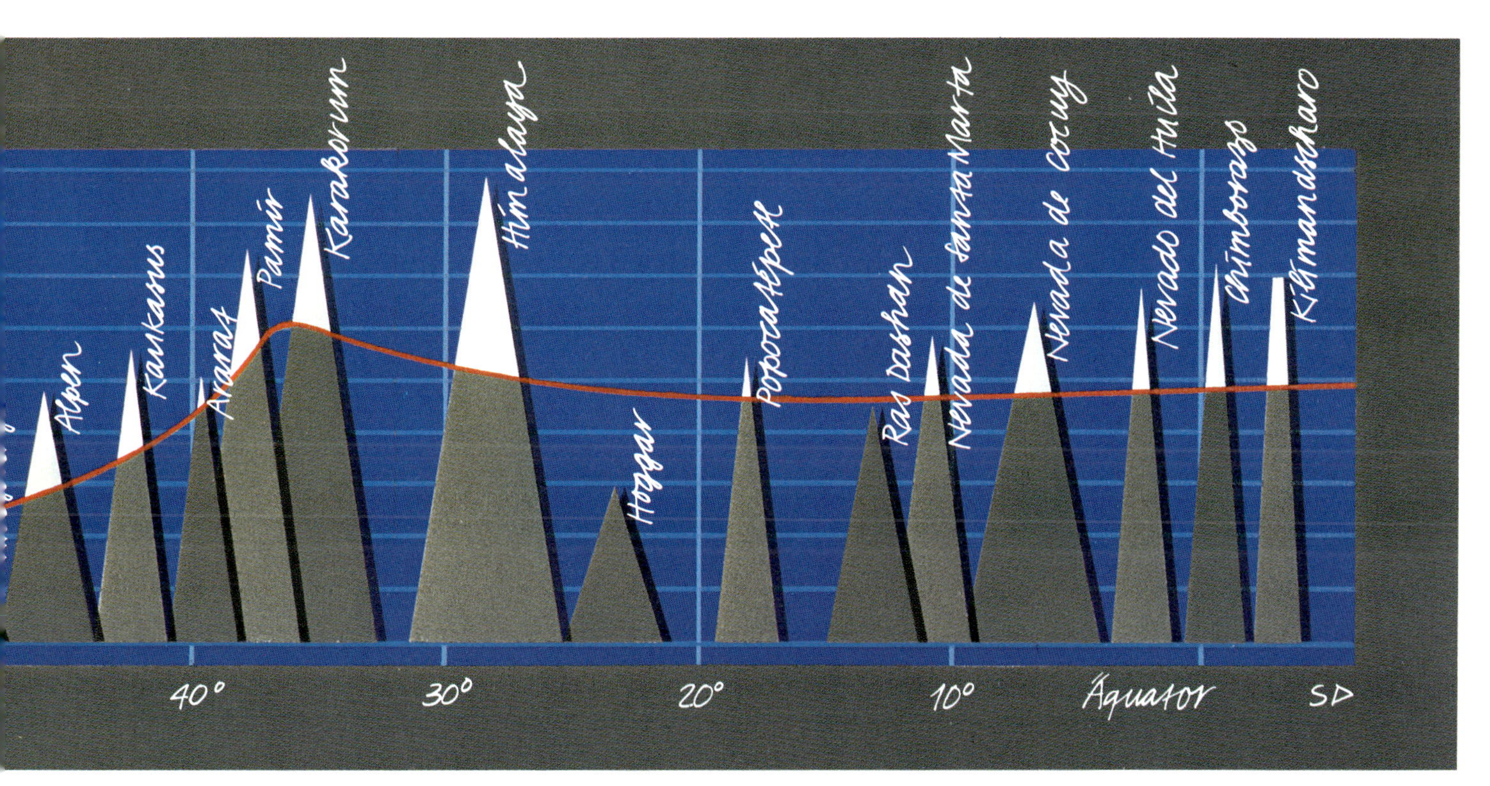
Alpen
Kaukasus
Ararat
Pamir
Karakorum
Himalaya
Hoggar
Popocatépetl
Ras Dashan
Nevada de Santa Marta
Nevada de Cocuy
Nevado del Huila
Chimborazo
Kilimandscharo
40°
30°
20°
10°
Äquator
SD

1.57

1 Klimapendelungen am Beispiel Schweiz: Temperatur

In den gemässigten Breiten treten jahreszeitliche Wetteränderungen weniger schroff auf als in den Grenzgebieten von Subtropen und Tropen. Bei uns zeigt der Jahresgang der Temperatur einen ziemlich gleichförmigen Verlauf. Es finden sich aber zu gewissen Zeiten doch charakteristische Abweichungen, die in der Meteorologie als Singularitäten bekannt sind. Ganz allgemein kann man sie auf unstabile Situationen bei der grossräumigen Umstellung der Zirkulation von einem Halbjahr auf das andere zurückführen. Bei uns sehr bekannt sind das Weihnachtstauwetter, die Eisheiligen in der ersten Maihälfte, die Schafskälte um die Junimitte und der Altweibersommer im Oktober. Wenn man den Jahresgang der Temperatur genauer untersucht und die Periode 1901–1945 mit der von 1946–1985 vergleicht, fallen aber doch gewisse Dinge auf. In der zweiten Periode hat sich das Weihnachtstauwetter stark abgeschwächt, dafür gibt es eine ausgeprägte Erwärmung anfangs Februar mit nachfolgender starker Abkühlung um 2½ °C. Die Schafskälte ist ebenfalls verwischt, dafür häufen sich die Kälterückfälle im Frühjahr. Am deutlichsten zeigt sich eine durchgehende Erwärmung mit einer Verschiebung des Wärmemaximums auf das Juliende.

1.58
Jahresgang der Temperatur in Zürich: Vergleich der Periode 1901–1945 mit der von 1946–1985. Im unteren Teil der Darstellung wird die Differenz dieser Perioden dargestellt. Die Erwärmung erfasst mit wenigen Ausnahmen alle Tage des Jahres und beträgt im Mittel 0.6 °C.

1.59
Läuft die Zeit für viele Gletscher in unseren Breiten ab?

1.60
Der Riedgletscher in den Walliser Alpen. Der Rückzug aus seinem Gletscherbett, das er sich bis zum Hochstand um 1860 geschaffen hat, ist eindrücklich.

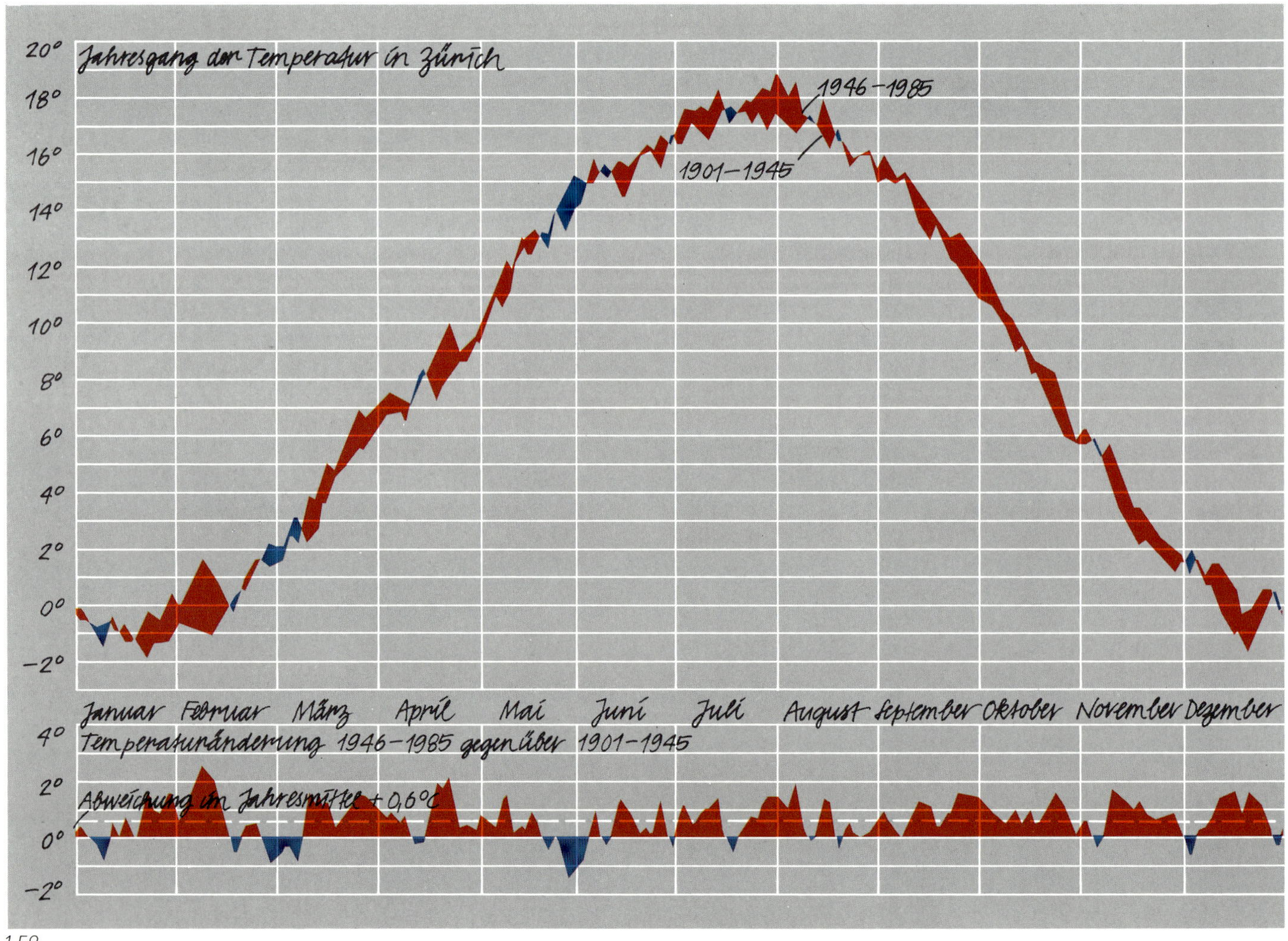

1.58

1.59

1.60

1 Niederschläge und Sichtweite

Für Veränderungen der Gletscherstände sind aber nicht nur die Temperaturverhältnisse massgebend, auch der Niederschlag und seine jahreszeitliche Verteilung spielen eine grosse Rolle. Die Messungen aus diesem Jahrhundert vom meteorologischen Observatorium in Neuchâtel liefern wegen der unveränderten Aufstellung eine homogene Datenreihe, bei der ebenfalls die Perioden 1901–1945 und 1946–1985 untersucht wurden. Es lässt sich kein Trend feststellen, auch wenn man die Jahreszeiten einzeln betrachtet. Wohl gab es Schwankungen, die aber sehr unregelmässig verlaufen. Den Rückgang der Gletscher muss man daher wohl auf den Temperaturanstieg zurückführen. Eine auffallende Veränderung gab es allerdings in diesem Jahrhundert in der Sichtweite, die im wesentlichen auf die Konzentration der Luftinhaltstoffe zurückzuführen ist. Und hier macht sich die Tätigkeit des Menschen deutlich bemerkbar: Sie wirbelt Staub auf.

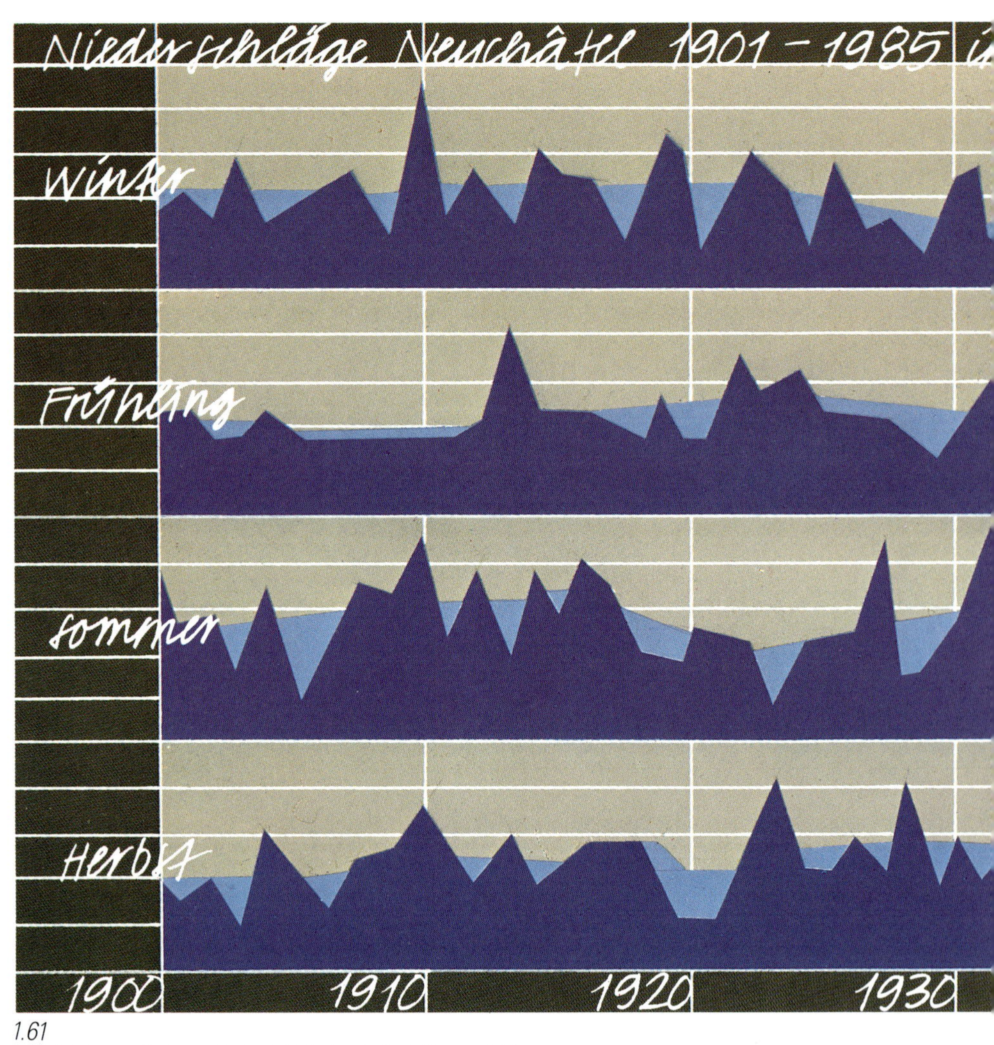

1.61

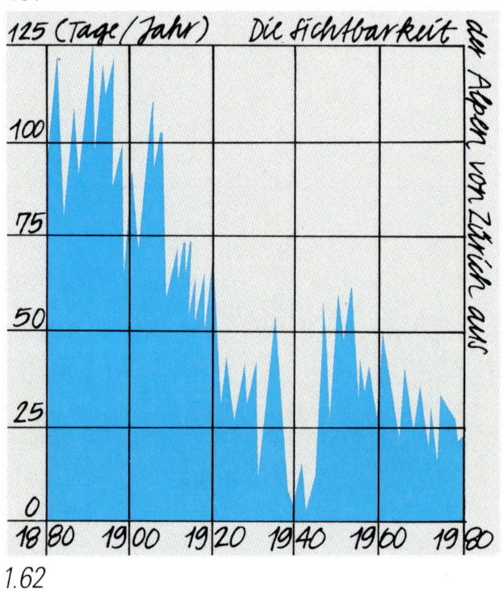

1.62

1.61
Verlauf der Niederschläge in Neuchâtel von 1901–1985 nach Jahreszeiten. Die hellblau durchgezogene Fläche ist der ausgeglichene Verlauf. Ein zeitlicher Trend in der Menge ist nicht feststellbar.

1.62
Abnahme der Alpensicht von Zürich aus.

1.63
Blick über den Gurten auf die Berner Alpen. Bei Föhn und ausgeprägten Hochdrucklagen ist die Luft klar und der Blick auch heute noch ungetrübt.

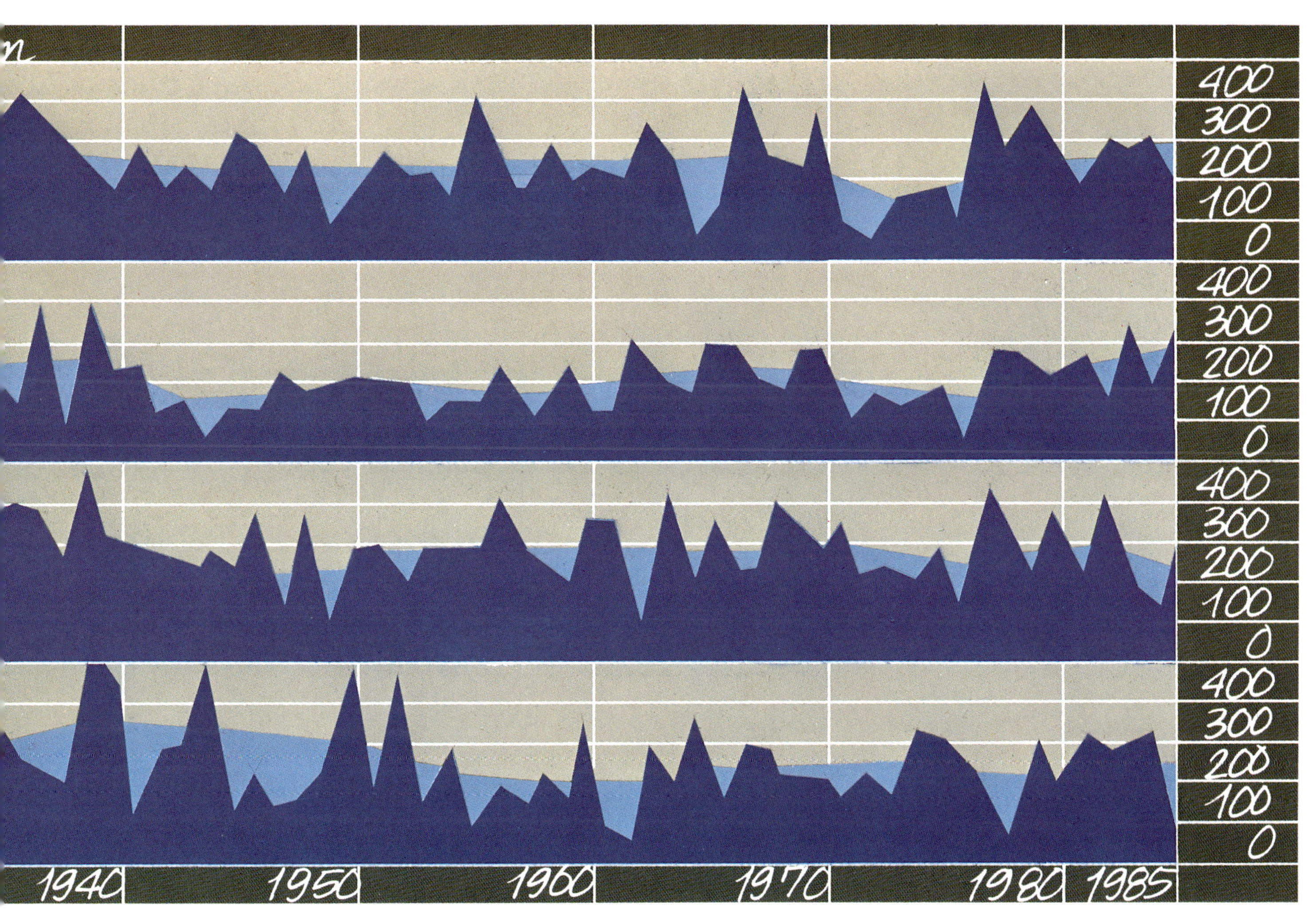

n
400
300
200
100
0
400
300
200
100
0
400
300
200
100
0
400
300
200
100
0
1940
1950
1960
1970
1980
1985

1.63

Was wir vom Klima wissen

2

Das Klima der Erde befindet sich dauernd im Zustand der Veränderung. Der Begriff selbst kommt von den Griechen, bedeutet Neigung und bezog sich auf die Breitenabhängigkeit der Sonnenhöhe. Wir verstehen heute darunter den Zustand der Atmosphäre über Zeiträume hinweg, die in Jahren bis Jahrmillionen gemessen werden. Je nachdem, aus welcher zeitlichen Distanz man die Ereignisse auf unserer Erdoberfläche betrachtet. Wir werden uns auf den Zeitbereich der letzten Millionen Jahre beschränken, der vom grossen Wechsel von Kalt- zu Warmzeiten geprägt wurde und auch für die Entwicklung der Menschheit massgebend ist.

2 Das Klimasystem

Wir wissen heute, dass der Zustand des Klimas von den komplexen Wechselwirkungen der einzelnen Komponenten im Klimasystem bestimmt wird. *Es besteht vereinfacht aus Sonne, Atmosphäre, Wasserkreislauf und Biosphäre.* Die Temperatur auf der Erdoberfläche hängt von der Leuchtkraft der Sonne, unserer Entfernung zu ihr, der Durchlässigkeit der Atmosphäre und ihrem Rückstrahlungsvermögen ab. Die unterschiedlichen Temperaturverhältnisse sind durch den Grad der Sonneneinstrahlung, die vom Äquator zum Pol abnimmt, gegeben. Schneeflächen verstärken die Rückstrahlung, wobei es noch kälter wird. Dunkle Landoberflächen absorbieren dagegen mehr Energie. Über Verdunstung, Niederschlag, Wind und Meeresströmungen wird der Wasserkreislauf angetrieben, der letztlich wieder bestimmt, wo Vegetationsgürtel liegen oder sich Kälte- oder Trockenwüsten ausbreiten. Die Elemente im Klimasystem reagieren sehr unterschiedlich auf gegenseitige Beeinflussung oder Störungen, und die Prozesse, die dann zwischen ihnen ablaufen, werden von uns noch sehr unvollständig verstanden, obwohl sie von streng physikalischen Gesetzmässigkeiten kontrolliert werden. Meist werden wir mit dem Ergebnis konfrontiert und müssen uns anpassen.

Dass wir über die Klimaverhältnisse der Vergangenheit Bescheid wissen, verdanken wir der Tatsache, dass die Natur ihre eigene Geschichte archiviert. Mit modernsten physikalischen und chemischen Methoden gelingt es heute, diese Geheimnisse Schritt für Schritt zu entziffern.

2.1
Sonnenuntergang. Finnische Seenlandschaft.

2.2
Gewitterwolken über dem Laikipia-Plateau in Kenya.

2.3
In der Nähe von McMurdo, Antarktis.

2.4
Querschnitt durch den Stamm eines Nussbaumes. Zwischen den rotangefärbten Zellen erkennt man in grossen hellen Flecken den Wassertransport. Die horizontale Verdichtung ist die Jahrringgrenze.

2.5.
Jahrringkurven an einer Alphütte im Berner Oberland. Die Strukturen beinhalten eine Vielzahl klimatischer Information.

Die Sonne
Die Sonne ist der Hauptmotor im Klimasystem. Der Ablauf des Klimas wird von der Stellung der Erde zur Sonne bestimmt, die sich ständig ändert.

Die Atmosphäre
Ihr dünner, unsichtbarer Schleier schützt die Erde und macht das Leben überhaupt erst möglich. Die Zusammensetzung der Atmosphäre steuert den Temperaturhaushalt.

2.1

2.2

2.3

Der Ozean und der Wasserkreislauf
97 Prozent des Oberflächenwassers ist im Ozean gespeichert. Ein grosser Teil der einfallenden Sonnenenergie wird für den Antrieb des Wasserkreislaufs benötigt. Über Verdunstung, Transport und Niederschlag bestimmt er ganz wesentlich die Klimazonen und damit die Lebensbedingungen auf der Erde.

Die Biosphäre
Ausdruck der Sonderstellung der Erde unter den Planeten. Die Atmosphäre und die Kreisläufe ihrer Elemente werden durch die Biosphäre reguliert. Über den Kohlenstoffkreislauf beeinflusst sie das Klima.

Die Archive
Das wechselhafte Schicksal unserer Erde und damit auch des Klimasystems ist in natürlichen Speichern wie polaren Eiskappen, Ozean- und Seesedimenten, Baumringen, Torfmooren, fossilen Böden oder Gletschern und Moränen verschlüsselt festgehalten.

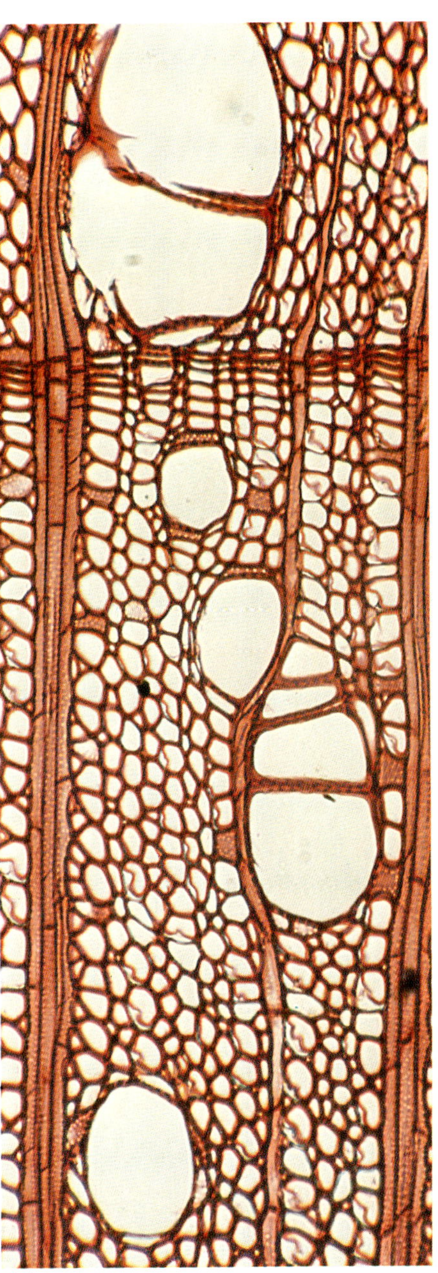

2.4

2.5

2 Die Sonne

Die Sonne ist der Energielieferant und Motor des Klimasystems. Inwieweit aber das Geschehen auf der Sonne selbst das Klima der Erde beeinflusst und für seine Schwankungen verantwortlich ist, kann heute noch nicht mit Sicherheit nachgewiesen werden. Die Möglichkeit, dass die Energieabgabe in gröseren Zyklen schwankt, wird aber heute ernsthaft in Betracht gezogen. Sonnenflecken, dunkle Punkte an der Sonnenoberfläche, kennt man seit Jahrhunderten. Ihre Anzahl schwankt im 11-Jahres-Rhythmus. Sie entstehen während erhöhter Aktivität der Sonne durch starke Magnetfelder, verdunkeln die Oberfläche und verringern so kurzfristig die Ausstrahlung. Langzeitmessungen von Satelliten aus zeigen allerdings, dass die gesamte abgestrahlte Energie durch die erhöhte Aktivität ansteigt.

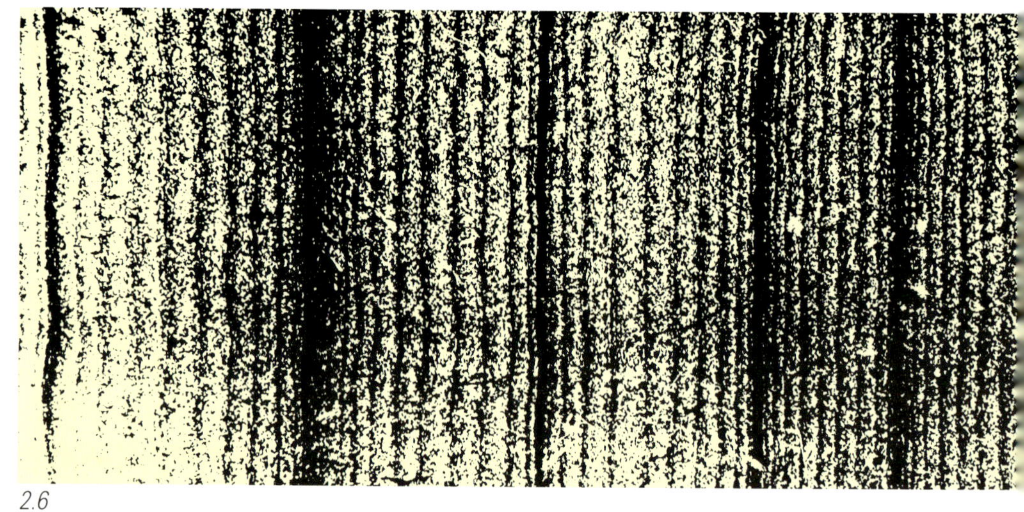

2.6
Bänderung in einem 700 Millionen Jahre alten Sandstein aus Australien. Die Schichtung verdichtet sich jeweils gegen Ende einer annähernd 11jährigen Periode. Sollte dies von Temperaturschankungen während der Ablagerung verursacht worden sein, hat man möglicherweise einen Hinweis auf die Aktivität der Sonne vor 700 Millionen Jahren und ihren Einfluss auf das Klima.

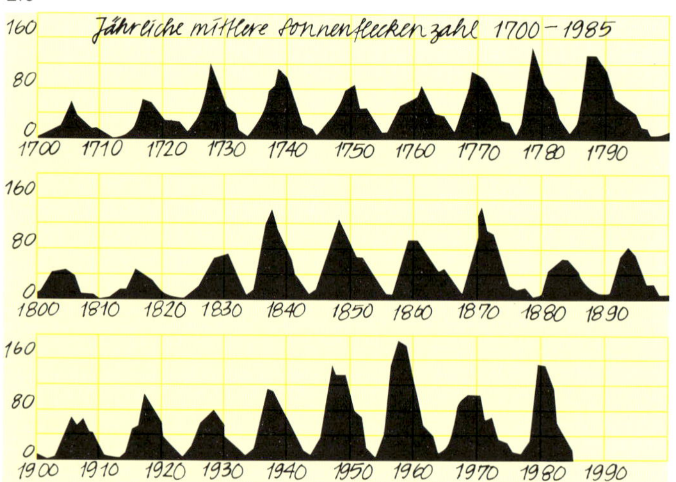

2.7
Sonnenfleckenzahlen von 1700–1985.

2.8
Der Schweizer Astronom Johann Rudolf Wolf führte 1848 den Sonnenflecken-Index ein, nach dem die Anzahl der Flecken einheitlich abgeschätzt werden kann.

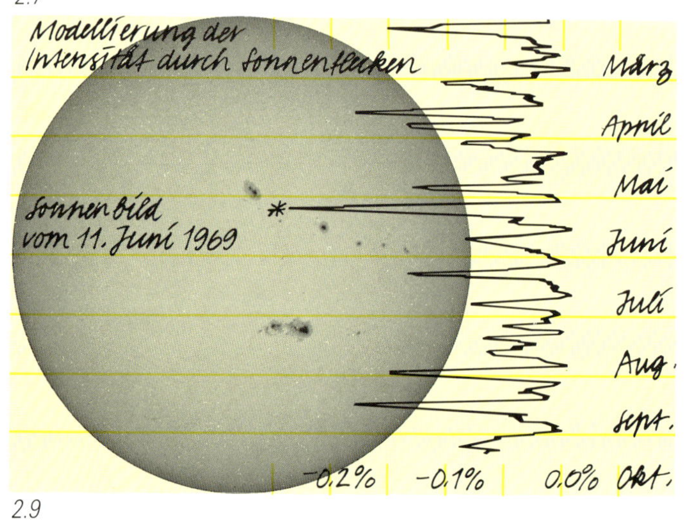

2.9
Modellierung der Intensitätsabnahme der Einstrahlung durch Sonnenflecken. Der mit dem Stern markierte Wert entspricht dem Sonnenbild vom 11. 6. 1969.

2.10
Internationale Eichung von Pyrheliometern, Geräten zur Messung der Sonnenintensität, am Weltstrahlungszentrum Davos.

2.11
Eine Sonneneruption, bei der gewaltige Mengen von heissem Wasserstoffgas ins All geschleudert werden.

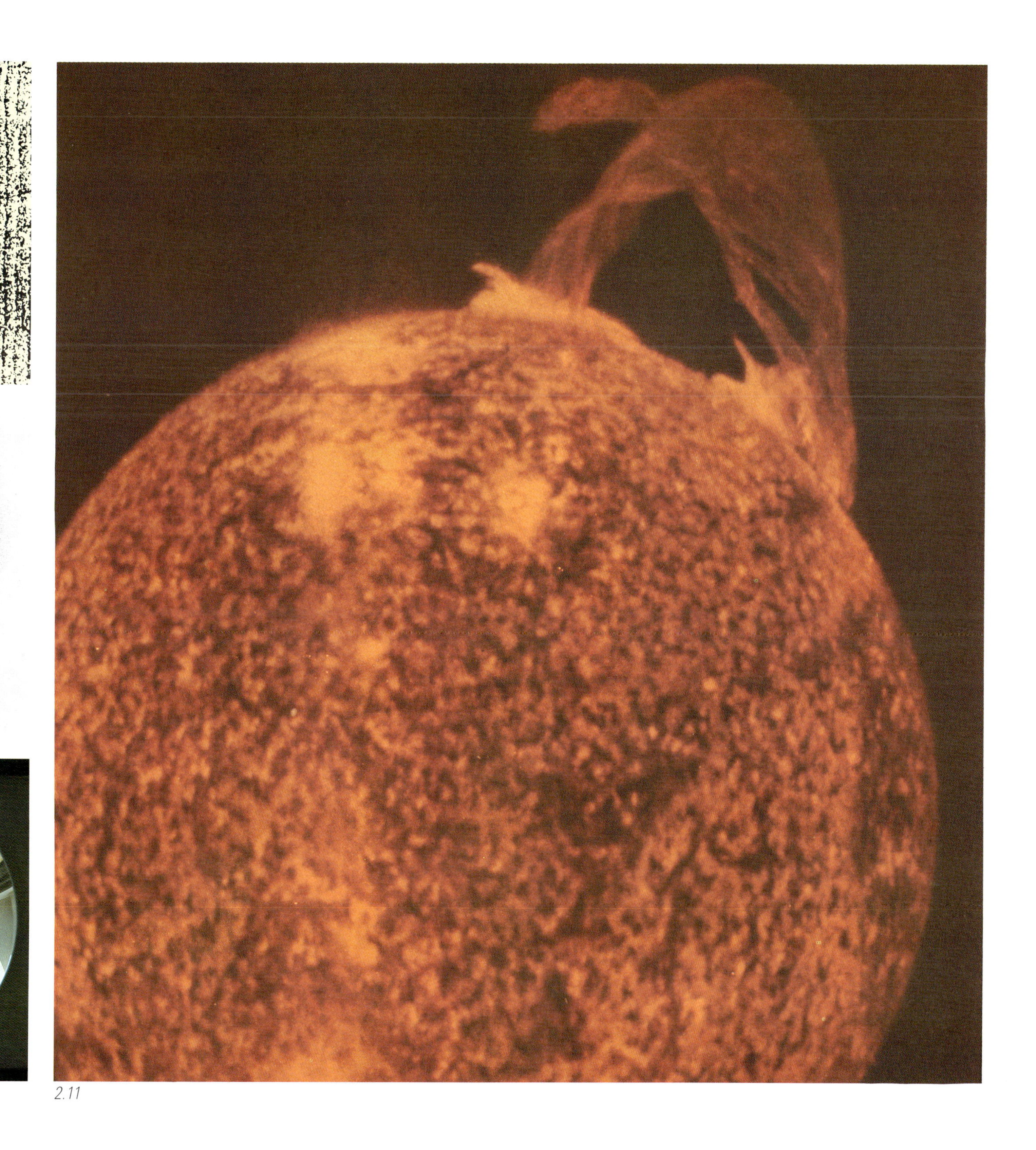

2.11

2 Erde und Sonne

Jedermann weiss, dass Tage länger und kürzer werden und unsere Sommermonate auf der Nordhalbkugel für die Bewohner auf der Südhalbkugel Winter bedeuten. Der Grund dafür liegt in den sogenannten Erdbahnparametern. Die elliptische Umlaufbahn der Erde um die Sonne, die *Exzentrizität,* variiert wegen der unterschiedlichen Umlaufbahn und Anziehungskraft der anderen Planeten. Ausserdem vollführt die Erdachse noch eine Drehbewegung relativ zur Umlaufbahn, die *Präzession.* Da nun die *Achsenneigung* der Erde zur Sonne ebenfalls ändert, torkelt unser Planet gewissermassen im wechselnden Abstand um sie. Das bewirkt, dass eine bestimmte Region der Erde mehr oder weniger Sonneneinstrahlung empfängt: Auslösemechanismen der Eiszeiten und der Warmzeiten. Es ist das Verdienst des jugoslawischen Mathematikers Milutin Milankovich, aus diesen Gesetzmässigkeiten Strahlungskurven für verschiedene Breitengrade berechnet zu haben, die die in Europa nachgewiesene Eiszeiten erklären konnten.

2.12
Bei der Exzentrizität ändert sich die Entfernung Erde – Sonne im 100 000 Jahres-Zyklus.

2.13
Die Neigung der Erdachse zur Bahnebene schwankt zwischen 21,5° und 24,5°. Dieser Zyklus hat eine Dauer von 41 000 Jahren.

2.14
Die Präzession ändert in Zyklen von 19 000 bis 21 000 Jahren.

2.15
Oben: Veränderungen in Exzentrizität, Präzession und Neigung, für vergangene und zukünftige Zeiten von A. Berger berechnet. Darunter die Milankovich-Strahlungskurve. Die Sonneneinstrahlung im Sommer auf 65°N erreicht manchmal Werte, die dem sechzigsten Breitengrad entsprechen, bei Eiszeiten, die blau ausgefüllt sind, aber Werte, die sonst nur viel weiter nödlich zu finden sind.

2.16
Mitternachtssonne. Die Erdachse ist so geneigt, dass die Sonne während 24 Stunden über dem Horizont zu sehen ist.

2.12

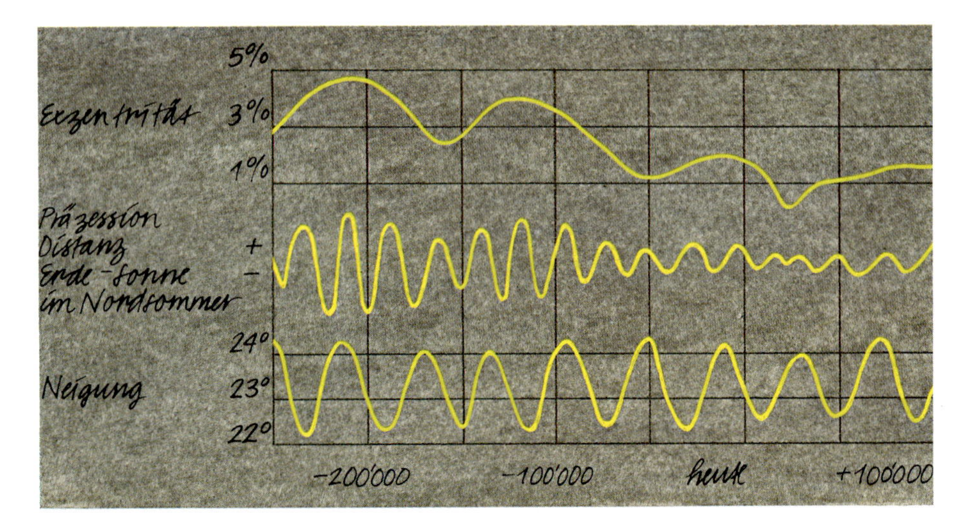

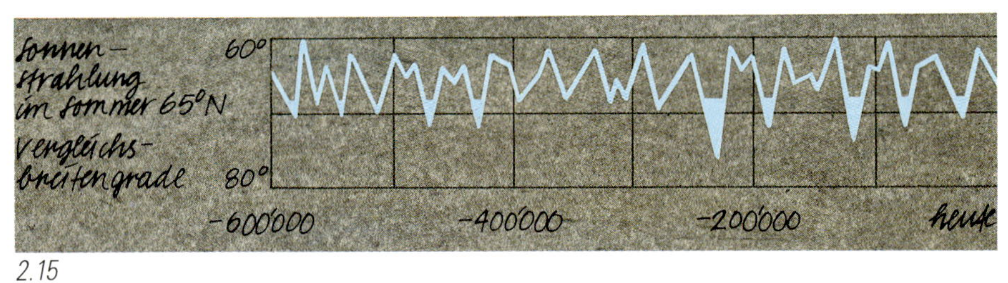

2.15

2.16

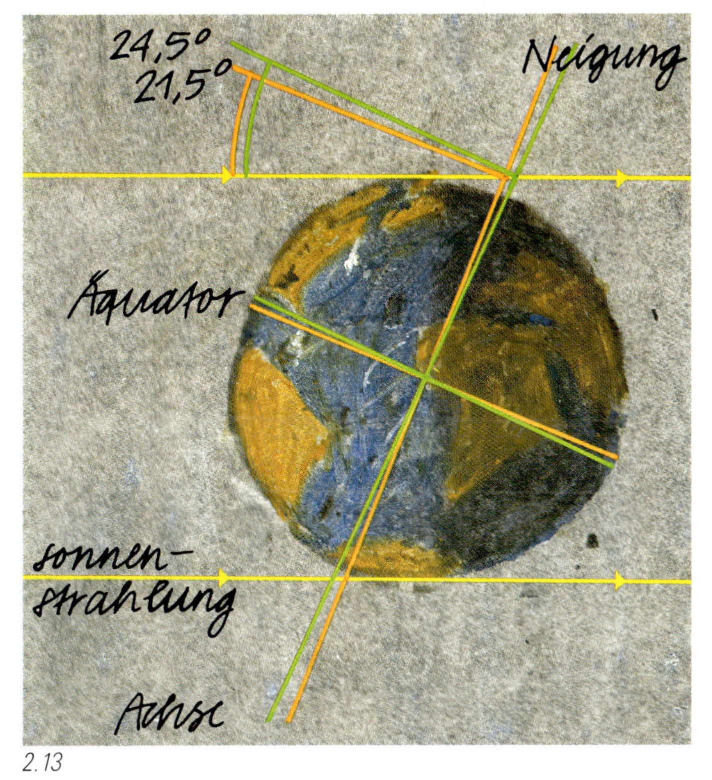
24,5°
21,5°
Neigung
Äquator
Sonnen-
strahlung
Achse
2.13

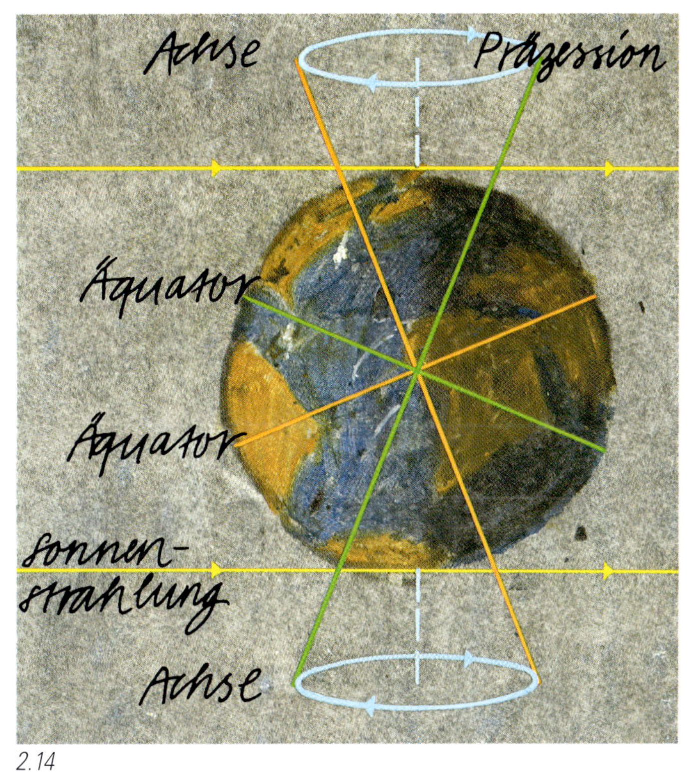
Achse
Präzession
Äquator
Äquator
Sonnen-
strahlung
Achse
2.14

2 Die Atmosphäre

Die Atmosphäre war lange Zeit Stiefkind des menschlichen Interesses. Die Luft hatte im wahrsten Sinn des Wortes kein Gewicht. Das hat sich erst entscheidend geändert, als wir ihre Bedeutung für Wetter und Klima erkannten und uns die Industrialisierung in manchen Gebieten buchstäblich den Atem nahm. Sie schützt uns durch zahlreiche, verschieden aufgebaute Schichten vor dem Bombardement kosmischer Partikel und vor der lebensbedrohenden Ultraviolett-Strahlung der Sonne. Die Erde schluckt ja die eingestrahlte Sonnenenergie nicht einfach und heizt sich bis zum Überkochen auf. Ein Teil davon wird wieder in den Weltraum zurückgestrahlt. Wieviel – das hängt eben von der Zusammensetzung der Atmosphäre ab. Wasserdampf, Staub und vor allem Spurengase wie Kohlendioxid, Methan oder Ozon kontrollieren das Verhältnis von eingestrahlter zu abgestrahlter Energie. Wir leben also in einem subtil gesteuerten Treibhaus. Die Temperaturverhältnisse der Erde haben deswegen nie extreme Situationen durchlaufen. Ein Schicksal wie das des Mondes, der keine Atmosphäre besitzt, oder der Venus, die ein kochendes Treibhaus ist, weil ihre Atmosphäre hauptsächlich aus Kohlendioxid besteht, blieb unserem Planeten weitgehend erspart.

2.17
Sonnenaufgang über dem Erdhorizont. Als schmale helle Sichel hebt sich die in der Dämmerung durchleuchtete Hülle der Atmosphäre ab. Aufgenommen von Apollo 12 am Ende des Mondfluges im November 1969.

2.18
Polarlichter über Kiruna, Schweden. Elektrisch geladene Teilchen von der Sonne setzen durch Anregung der Atome oberhalb 100 km Lichtenergie frei.

2.19
Umgebung von Bern mit Stockhornkette. Aufbau der Atmosphäre. Die Troposphäre ist die eigentliche Wetterzone der Atmosphäre. Die Temperaturen nehmen in ihr rasch und gleichmässig ab. Die Tropopause leitet zur Stratosphäre über. In ihr liegt die Ozonschicht, die lebenswichtige Sperrzone für die ultraviolette Strahlung. Die Temperatur nimmt hier wegen der Absorption dieser Strahlung wieder stark zu und gegen die Mesosphäre erneut ab.

2.17

2.18

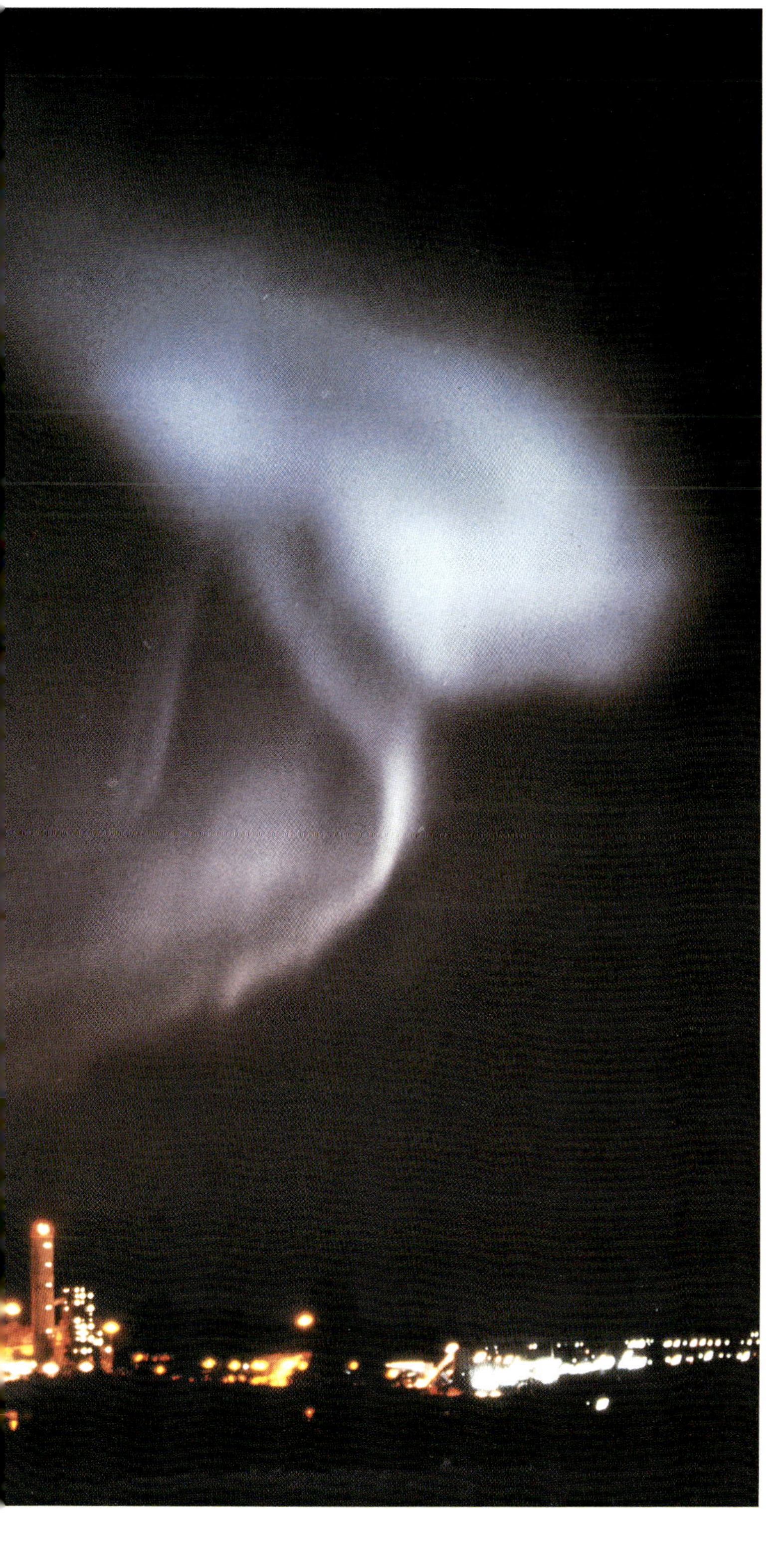

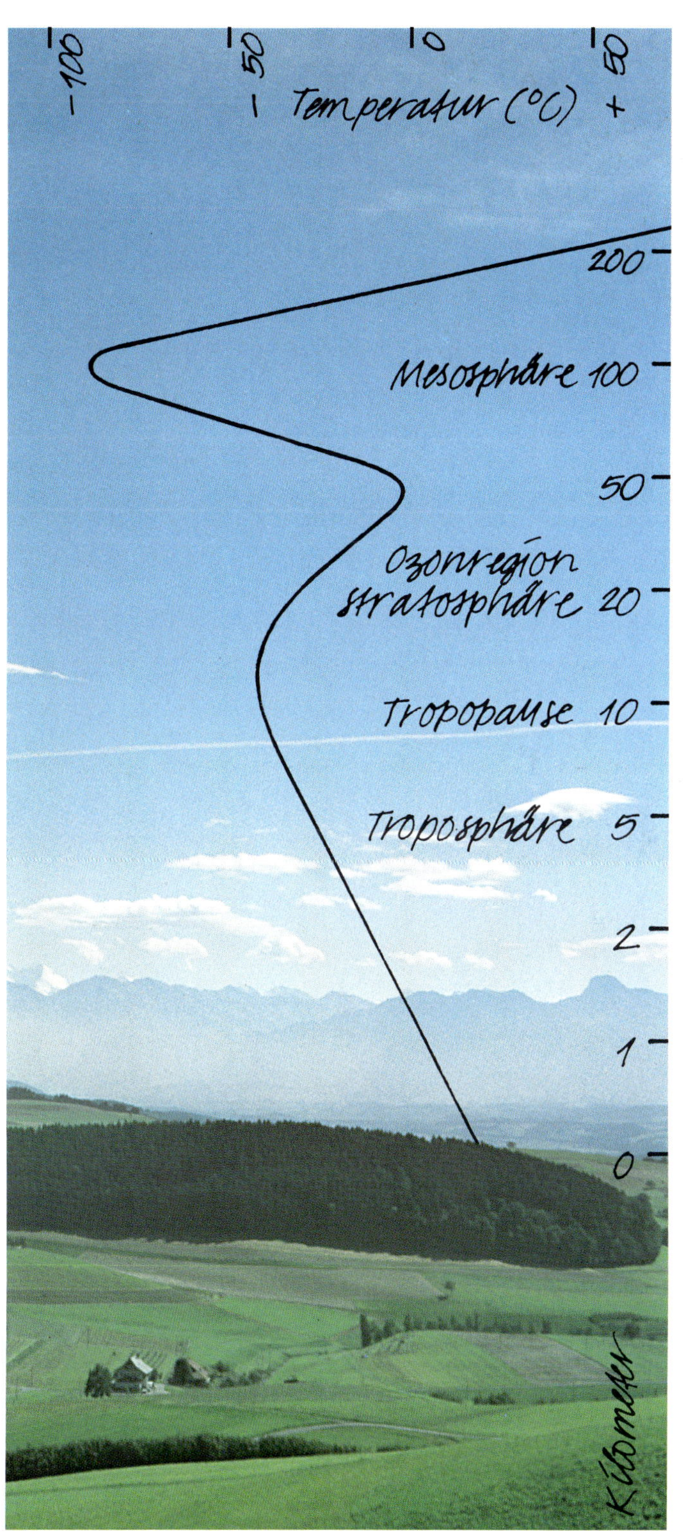

-100
-50
0
+50
Temperatur (°C)
200
Mesosphäre 100
50
Ozonregion
Stratosphäre 20
Tropopause 10
Troposphäre 5
2
1
0
Kilometer

2.19

2 Der Energiehaushalt der Erde

Ursache für die Temperaturen auf der Erdoberfläche sind die Sonneneinstrahlung und die Durchlässigkeit der Atmosphäre. Der Wärmestrom aus dem Erdinnern selbst oder die vom Menschen erzeugte Abwärme spielen dabei keine Rolle. Von der eintreffenden kurzwelligen Strahlung gelangt nur ein Teil direkt auf die Erdoberfläche, der Rest wird von der Atmosphäre aufgefangen und absorbiert oder an Wolkenoberflächen und Staubteilchen zurückgestreut. Da die Erde kühler als die Sonne ist, strahlt sie ihre Energie in grösserer Wellenlänge – im Infrarot – ab. Der Wasserdampf, das Kohlendioxid, Methan und andere Spurengase machen aber die Atmosphäre weitgehend undurchlässig für diese langwellige Abstrahlung; sie wird wieder auf die Erdoberfläche zurückgestrahlt. Eine natürliche Beeinflussung der Strahlungsbilanz sind grosse Vulkanausbrüche, die riesige Aschenmengen in die Stratosphäre schleudern und so einen Teil der Sonnenenergie von der Erde abschirmen. Heute stört der Mensch durch die zusätzliche Produktion von Spurengasen den empfindlichen Regelmechanismus der Atmosphäre.

2.20
Der Energiehaushalt im globalen Jahresmittel. Die kurzwellige Sonneneinstrahlung wird von der Erde im langwelligen Bereich abgestrahlt. Da die Atmosphäre für diese Wellenlängen weitgehend undurchlässig ist, wird der grösste Teil wieder zum Erdboden reflektiert. Der Energiefluss der latenten Wärme, durch Verdunstung und Niederschlag umgesetzt, wird ebenfalls von der Atmosphäre absorbiert.

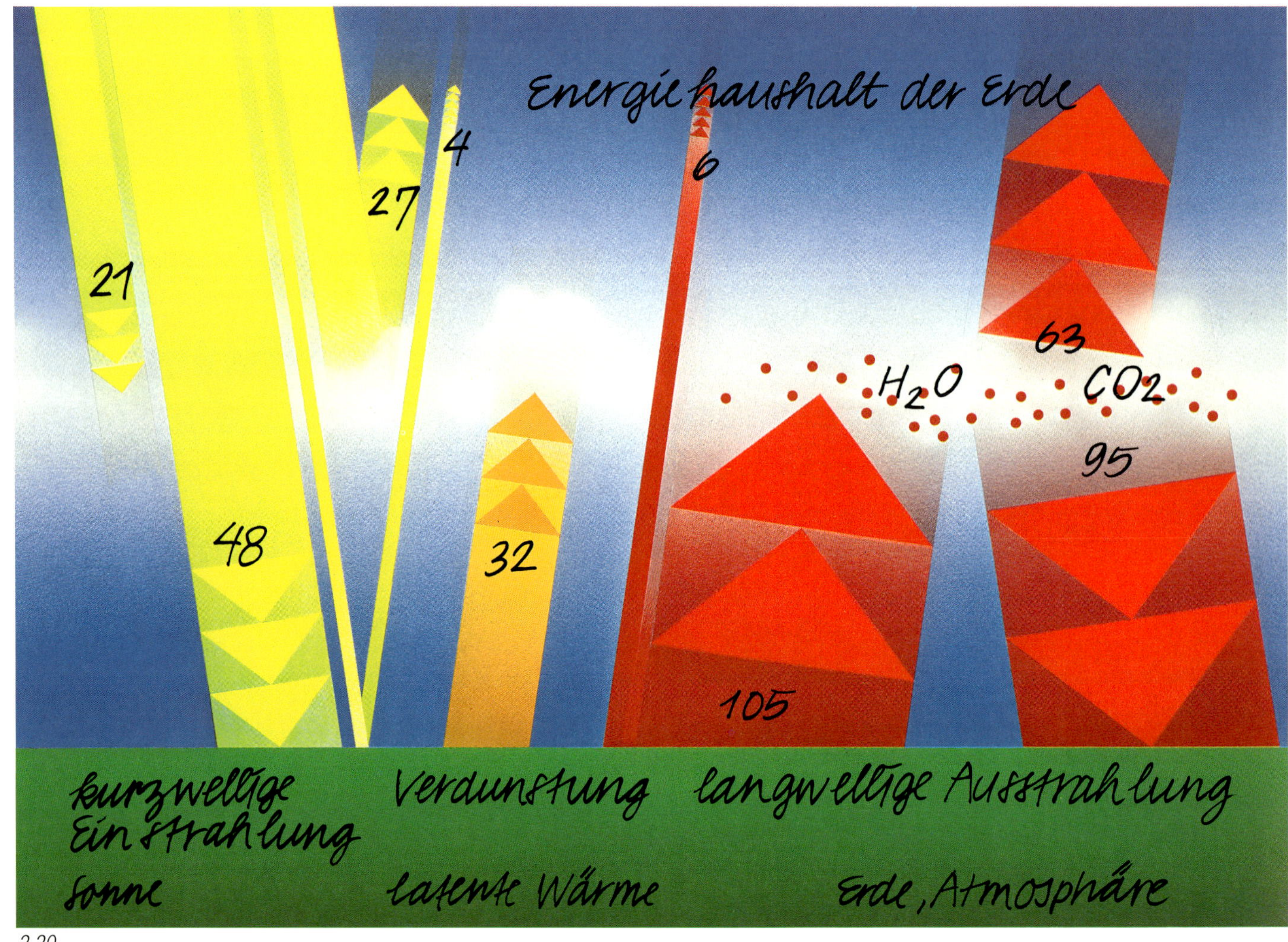

2.20

2.21
Ausbruch des Vesuv im Jahre 1822.
2.22
Sonnenuntergang im Februar 1983 im Emmental. Die für diese Jahreszeit ungewöhnlich intensive Verfärbung ist auf atmosphärische Trübung zurückzuführen, die vom Vulkanausbruch des El Chichon verursacht wurde.
2.23
Beeinflussung der eingestrahlten Sonnenenergie in einer bestimmten Luftschicht durch Vulkanausbrüche.

2.22

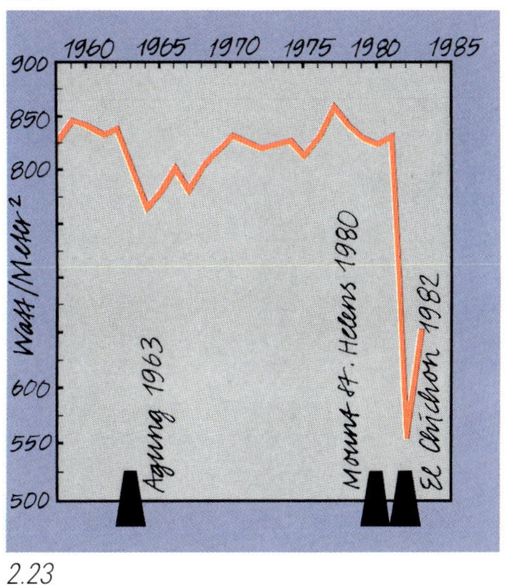

2.23

2.21

2 Der Ozean und der Wasserkreislauf

Ozean und Atmosphäre sind über den Wasserkreislauf eng miteinander gekoppelt. Abkühlung und Erwärmung der Meeresoberfläche prägen die Eigenschaften der Atmosphäre über dem Meer, das so zur grossen Wetterküche wird. Seine positive Strahlungsbilanz – mehr wirksame Einstrahlung als Ausstrahlung – wird durch direkte Wärmeübertragung an die Atmosphäre und durch die Verdunstung ausgeglichen.

2.24
71 Prozent der Erdoberfläche sind – sehr ungleichmässig – vom Wasser bedeckt.

2.25
Wasserhosen haben sehr lokale Auswirkungen und bilden sich, wenn böige Polarluft über warme Meeresflächen streicht.

2.26
Schema des globalen Wasserkreislaufs. Die Dicke der Pfeile ist den Flüssen proportional, die Zahlenangaben sind in 1000 km^3 pro Jahr.

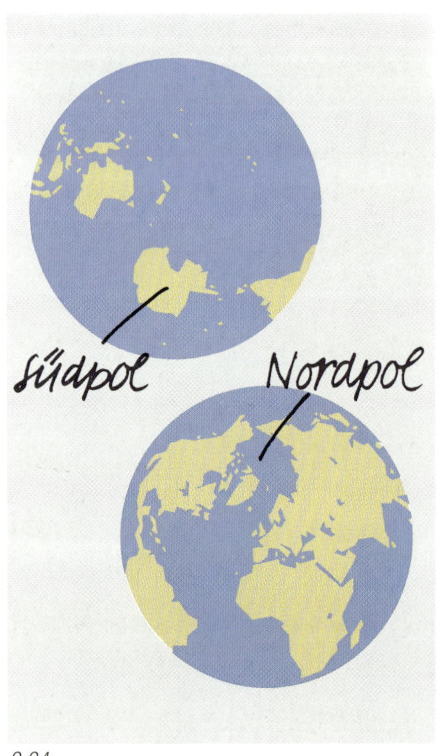

2.24

2.25

2.26

Transport in der Atmosphäre 50

Niederschlag 458

Niederschlag 120

Verdunstung 70

durch Pflanzen

direkt

durch Binnengewässer

üsse und Grundwasser 50

2

Wenn man den globalen Wasserkreislauf betrachtet, der durch die Verdunstung angetrieben wird, stellt man fest, dass der Hauptkreislauf vom Meer zum Meer verläuft und der Umweg über die Kontinente vergleichsweise bescheiden ist. Das an den Polkappen und in Gletschern in Form von Eis gespeicherte Wasser spielt allerdings bei den grossen Klimaschwankungen eine entscheidende Rolle. Das Ansteigen oder Absinken des Meersspiegels bei Erwärmung oder Abkühlung ist dabei nur eine, für den Menschen am bedrohlichsten erscheinende Auswirkung.

Die Erwärmung der Ozeanoberfläche ist natürlich abhängig von der geographischen Breite; der Wärmegewinn in niederen Breiten geht polwärts in einen Wärmeverlust über. Für den Wärmeausgleich sorgt der Wind, der die ozeanische Zirkulation anregt. Zur Warmwassersphäre zählt man Gebiete von Temperaturen über 10°C. Die Schnittlinien der 10°C Isotherme mit der Oberfläche sind heute etwa in 55°N und 45°S zu finden. Man bezeichnet sie als nördliche und südliche Polarfront. An der Polarfront bilden sich Mäander und Wirbel aus, die neben der Tiefenzirkulation für den Energietransport innerhalb des Ozeans eine wesentliche Rolle spielen.

2.27
Ein Temperaturquerschnitt durch den Westatlantik zeigt, dass nur ein schmaler Bereich zur Warmwassersphäre gehört.

2.28
Ablandige Winde schieben Oberflächenwasser ins offene Meer und ermöglichen so im Küstenbereich das Aufquellen von Wasser aus tieferen Schichten.

2.29
Schematisches Bild eines tiefreichenden Wirbels an der südlichen Polarfront. Durch Messungen von Bojen aus konnte nachgewiesen werden, dass sich der Drehsinn in der Tiefe umkehrt.

2.30
Mittlerer Wärmetransport im Ozean. Winde und Strömungen sorgen für Ausgleich.

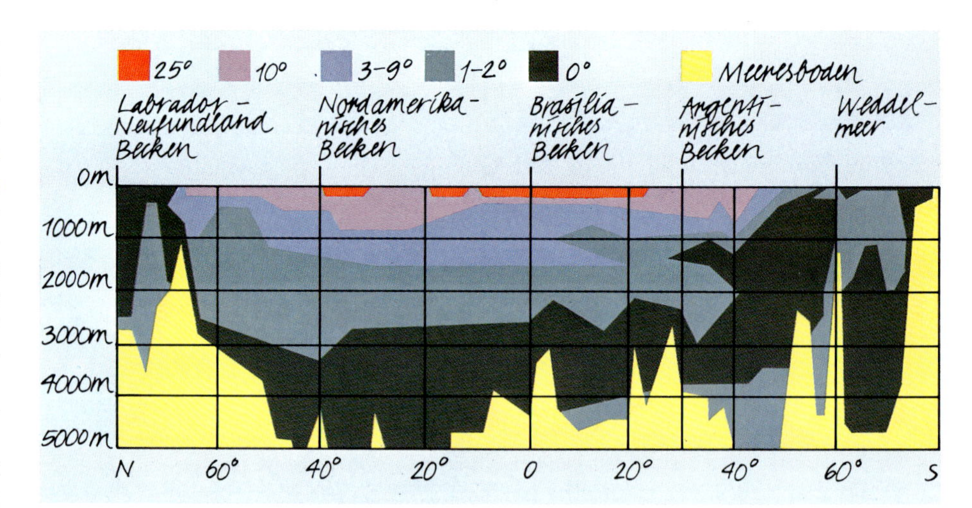

2.27

2.28

2.29

2.30

2.31
Aufnahme des Golfstroms vom Satelliten aus. Die Falschfarbenskala zeigt Temperaturen von 24–28° in Rot und Orange, 17–23° in Gelb und Grün, 10–16° in Blau und 2–9° in Purpur. Der Golfstrom bewegt sich wie ein warmer Fluss aus dem Golf von Mexiko an Florida (1) vorbei, verlässt die Küste bei Kap Hatteras (2) und verliert sich in Mäandern, warmen (3) und kalten (4) Wirbeln, je weiter er nordostwärts fliesst. Im mittleren Atlantik hat sich seine Oberfläche soweit abgekühlt, dass sie sich von der Umgebung nicht mehr abhebt. Über das weitere Schicksal des Golfstroms wissen wir auch heute, gemessen an seiner Bedeutung, zu wenig. Er ist die Warmwasserheizung Europas und kann hier bei Klimaschwankungen eine wichtige Rolle spielen.

2.31

2 Die Biosphäre

Der Begriff der Biosphäre wurde vor einem Jahrhundert vom österreichischen Geologen Eduard Suess in die Wissenschaft eingeführt und bezeichnet damit ganz allgemein den Teil der Erde, wo Leben existiert. Auf das Wesentlichste reduziert, besteht die Rolle der Biosphäre in der Nutzung von Sonnenenergie zur Photosynthese von Kohlendioxid zu organischen Bestandteilen und in der Produktion von molekularem Sauerstoff. Der Ozean liefert dabei mit seiner Mikroflora rund 70 Prozent unseres Sauerstoffs; gleichzeitig ist er die wichtigste Senke für das Kohlendioxid der Atmosphäre.

2.32
Der organische Kohlendioxid-Kreislauf beginnt mit der Fixierung von atmosphärischem CO_2 durch die Photosynthese. Die Pflanzendecke stellt die Grundlage für die verschiedensten Nahrungsketten bereit. Mikroorganismen zersetzen abgestorbenes Material, der Kohlenstoff wird wieder oxidiert und gelangt über die Bodenatmung in die Atmosphäre. Ein Teil des abgestorbenen Materials wird sedimentiert, und im Verlauf von Jahrmillionen bilden sich unsere fossilen Energieträger Erdöl, Gas und Kohle.

2.33
Tropischer Urwald am Kilimandscharo.

2.34
Hier wird der Kohlenstoff abgelagert. Etwa 6000 Jahre alte Kiefernstämme in einem Moor in Schottland. Wenn Bäume in Mooren absterben, bleiben sie über Jahrtausende erhalten. Mit ihren Jahrringen erzählen sie Klimageschichte.

2.35
Was in vielen Millionen Jahren gespeichert wurde, verbrennen wir in zwei Jahrhunderten und stören so über den Kohlenstoffkreislauf das globale Klimasystem.

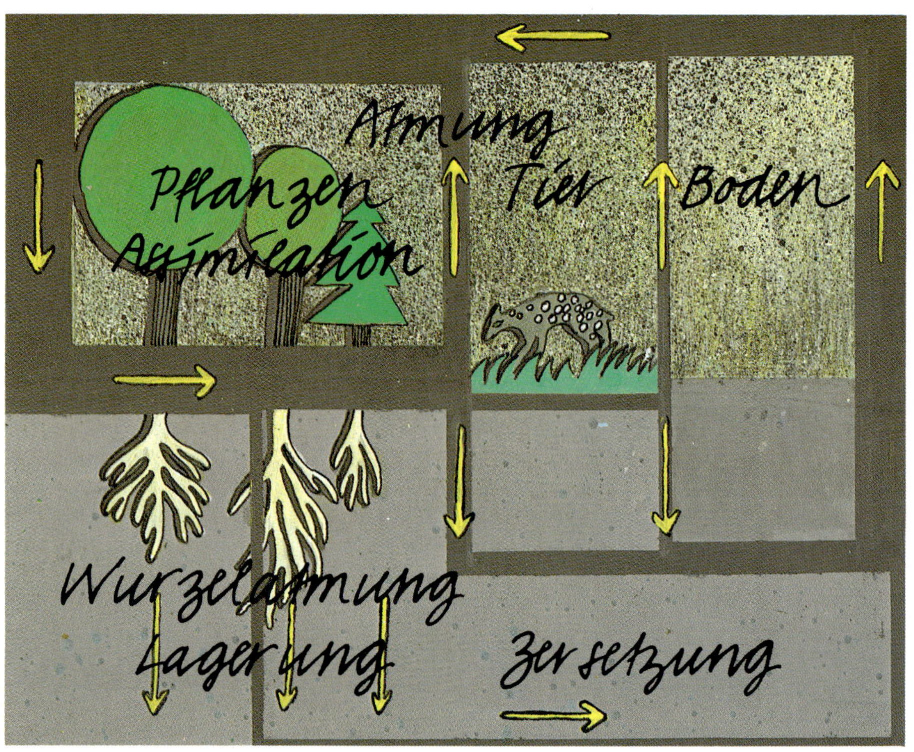

2.32

2.33

2.35

2.34

2 Die Archive

Wie können wir etwas über Klimaänderungen vor der Zeit wissen, in der wir begonnen haben, mit Instrumenten das tägliche Wetter aufzuzeichnen? In erster Linie versucht man, in der menschlichen Geschichte selbst zu lesen. Zudem beginnt die Wissenschaft zu lernen, das zu interpretieren, was sie Proxidaten nennt. Das sind Informationen wie auf einem kodierten Tonband in den verschiedensten natürlichen Archiven. Baumringe, Gletscherstände, Polareis, fossile Böden oder Sedimente enthalten sehr unterschiedliche Signale des Klimas, die je nach Möglichkeiten in objektive Parameter wie Temperatur oder Niederschlag umgesetzt werden können. Ein wesentliches Problem stellt sich meist mit der zeitlichen Einordnung und Auflösung der Daten, da wir nur so etwas über Zeitspanne und Geschwindigkeit von Klimaänderungen erfahren können. Die wissenschaftliche Interpretation lässt sich oft mit dem Abhören eines Tonbandes vergleichen, das einer Katze zwischen die Pfoten geraten ist und von dem man nachher nur einen Kanal bruchstückweise zwischen viel Rauschen hört.

2.36
Ein Sedimentkern aus dem Van-See in der Türkei mit deutlich ausgeprägten Varven, den jahreszeitlich differenzierten Ablagerungen.

2.37
Gewinnung eines Sedimentkerns vom Meeresboden. Mit Hilfe von Radar und Sonarreflektoren kann das Schiff über dem Bohrloch stabil gehalten werden. Mit der speziell für solche Bohrungen konstruierten Glomar Challenger konnten seit 1968 unzählige Kerne aus Pazifik und Atlantik geborgen werden.

Sedimente

Sie enthalten Mikrofossilien, Pollen und geochemische Signale, die die Umweltbedingungen über Millionen von Jahren hinweg beschreiben. Auf dem Grund vieler Seen und auf manchen Ozeanböden ist der ständige, jahreszeitabhängige Regen an Pollen, Algen, Kalziumkarbonat oder Staub ungestört erhalten. Diese rhythmischen Abfolgen nennt man Varven; sie enthalten die Information ähnlich den Baumringen in jährlicher Auflösung.

2.36

2.37

Polareis und Gletscher

Die kalten Gletscher, bei denen die mittlere Eistemperatur wesentlich unter null Grad liegt, und das Eis der Polkappen speichern wie in riesigen Tiefkühlschränken die Niederschläge bis etwa 200000 Jahre zurück. Die Spurenstoffe der Atmosphäre werden von den fallenden Schneeflocken wie mit einem grossflächigen Rechen gesammelt und Schicht für Schicht übereinandergestapelt. Auf den endlosen Flächen der Antarktis oder Grönlands bleibt die jahreszeitliche Auflösung weitgehend erhalten. Aus den kalten Gipfelregionen der Alpen verbläst der Wind Teile der Schneedecke meist in tiefere Lagen.

2.38
Bohrstelle auf 4500 m im Monte Rosa-Gebiet. Schneesturm auf einem sehr exponierten Arbeitsplatz.
2.39
Firnbohrkern aus den Alpen
2.40
Bohrstelle in Grönland bei Camp 3.

2.38

2.39

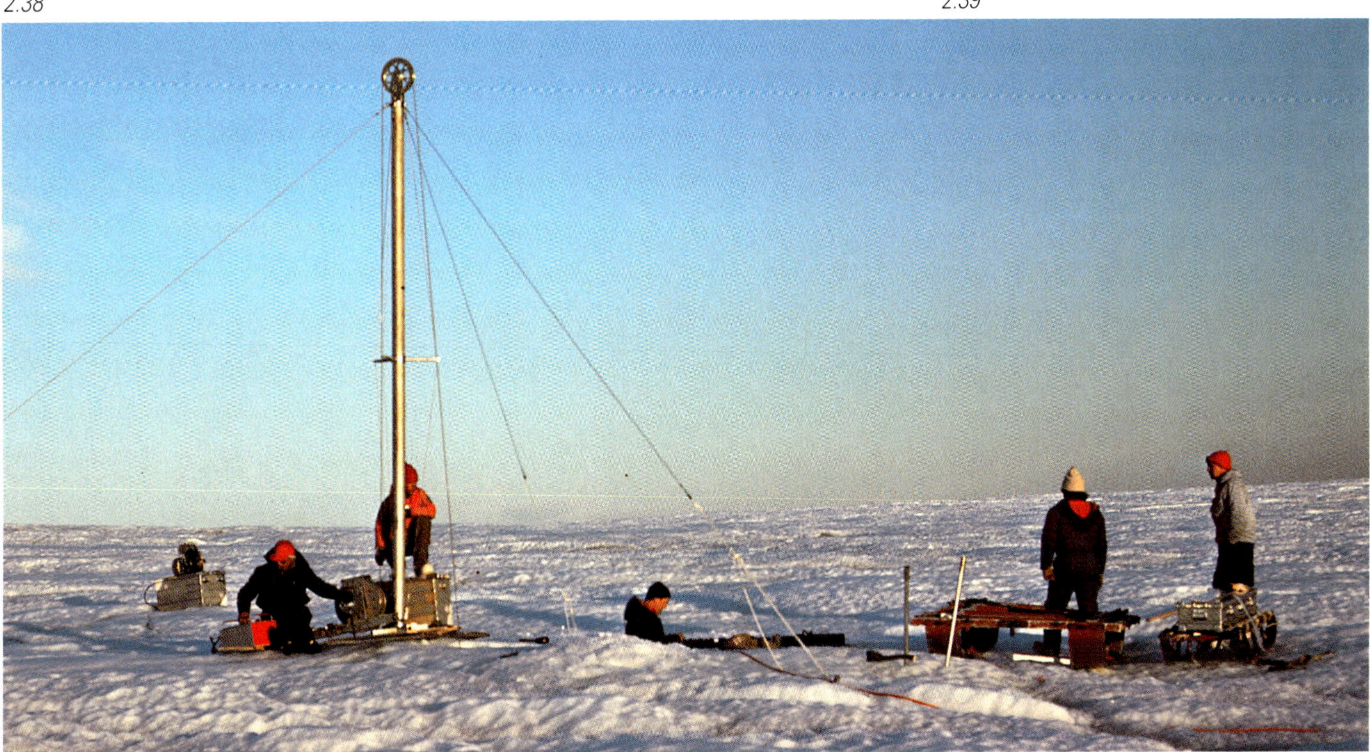
2.40

2 Moränen und Böden

Gletscherschwankungen folgen Klimaschwankungen und sind Ausdruck von mehr oder weniger Niederschlag, höheren oder tieferen Temperaturen. Vorstossende Gletscher überfahren Böden und Wälder, werfen Moränenwälle auf und zerkratzen durch mitgeführte Steine den felsigen Untergrund. In den letzten 10000 Jahren sind die Gletscher nie wesentlich über den Hochstand von 1850 vorgestossen. Datiertes organisches Material aus Moränen erlaubt eine zeitliche Einordnung der Schwankungen, zusätzliche Informationen liefern Jahrringanalysen überfahrener Bäume. Der Aufbau fossiler Böden lässt sich manchmal mehrere 100000 Jahre zurückverfolgen.

2.41
Überfahrener Baumstamm bei Arolla.
2.42
Die Moränenzüge von Arolla.
2.43
Um 1850 wird der Wald vom vorstossenden Aletschgletscher überfahren.

2.41

2.42

2.44
Das Gletschervorfeld liegt zwischen dem heutigen Gletscherende und dem Hochstandswall von 1850. Vereinzelt hat sich wieder Pioniervegetation angesiedelt.
2.45
Gletscherschliffe im Hochland von Peru.

2.46
Ein Mammutbaby ist vor 40 000 Jahren in einen auftauenden Dauerfrostboden eingebrochen, verendet und durch die Kälte konserviert worden. Heute gibt die Erosion eines Flusses diesen seltenen Schatz frei, der es erlaubt, die damaligen Klima- und Lebensbedingungen zu studieren.

2.43

2.45

2.44

2.46

2

2.47

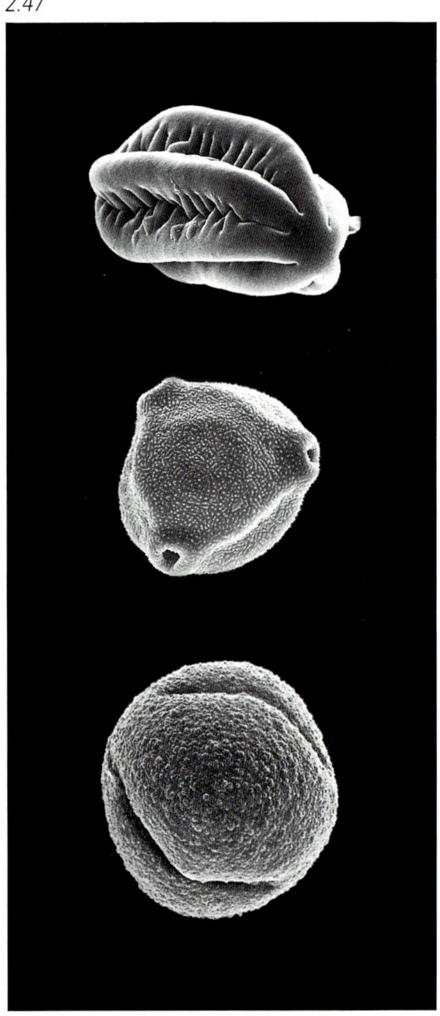

2.48

2.49

Bäume und Pollen

Jede Klimazone und jedes Klimastadium hat seine eigene Vegetation. Die Ausbildung der Jahrringe von Bäumen erlaubt in geschlossenen Chronologien bis etwa 10 000 Jahre zurück Abschätzungen von Temperatur- und Niederschlagsverhältnissen sowie extremer Ereignisse während der Wachstumsperiode. Die wechselnde Anzahl Pollen von wärme- oder kälteliebenden Pflanzen in Bohrkernen von Seesedimenten oder Torfmooren ist auch ein Gradmesser damaliger Klimasituationen.

2.47
Querschnitt durch eine Tamariske. Die Überwallungen und die Jahrringbreite sind in diesem Fall Ausdruck der zum Teil besonderen Wasserverhältnisse während der Wachstumszeit.

2.48
Drei Pollenarten, die Klimageschichte niederschreiben. Von oben: Meerträubchen für die eiszeitliche Steppe, Birke für Beginn der Bewaldung, Eiche für die Warmzeit.

2.49
Borstenkiefer an der Waldgrenze in Colorado, USA. Die hohen Baumalter und die Tatsache, dass abgestorbene Bäume über Jahrhunderte stehenbleiben, machen sie zu Klimazeugen für mehrere Jahrtausende.

Menschliche Geschichte

Die Entwicklungsgeschichte der Menschheit ist eng mit der Klimageschichte verbunden. Aber bis auf vereinzelte Aufzeichnungen grosser Kulturen der Vergangenheit lassen sich aus diesen Proxidaten erst seit dem Mittelalter quantitative Aussagen über einzelne Klimaelemente einigermassen objektivieren. In der Schweiz ist dieser Zweig der Klimageschichte weit vorangetrieben worden; eine Koordination auf europäischer Ebene ist notwendig, um die grossräumige Relevanz der abgeleiteten Klimaelemente überprüfen zu können.

2.50
Die Überschwemmung von Zürichsee und Sihl aus dem Jahre 1562 über der ältesten bekannten, vollständigen Wetterdatensammlung aus dem Paris des 17. Jahrhunderts.

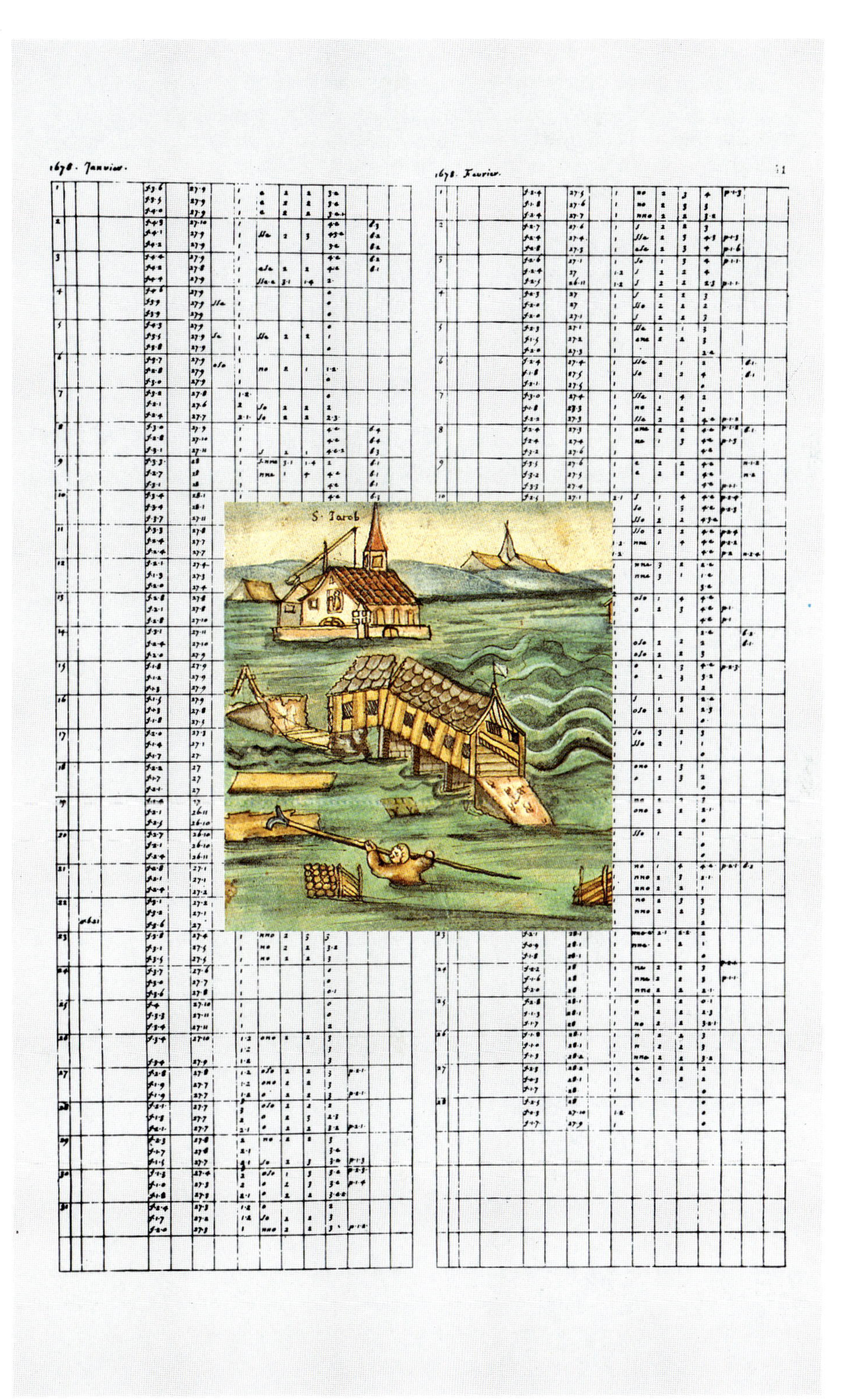

2.50

2 Eiszeiten

Aus Messungen an Kernen von Tiefseesedimenten wissen wir heute, dass der Vereisungszyklus in der letzten Million Jahre in ungefähr 100000jährigem Rhythmus ablief. Der schrittweise Aufbau riesiger Eisschilder über Nordamerika und Europa wurde durch plötzliche Erwärmungen unterbrochen. Die einzelnen Vereisungsphasen selbst waren auch nicht einheitlich kalt, sondern wiesen deutliche Klimasprünge auf. Wir haben gesehen, dass die grossen Zyklen von aussen über die Erdbahnparameter gesteuert werden. Es drängt sich heute die Vermutung auf, dass das Klimasystem beim Phasenwechsel in einen bistabilen Zustand gerät, wo geringe Störungen das System, oder Teile davon, kippen lassen. Der Ozean scheint nach neuesten Erkenntnissen bei diesem Flip-Flop-Mechanismus eine entscheidende Rolle zu spielen.

2.51
Das schwankende Eisvolumen der letzten 600000 Jahre kann durch Sauerstoffisotopenmessungen an Schalen von in der Tiefsee existierenden Kleinstlebewesen nachgewiesen werden. Das Isotopenverhältnis ändert sich je nachdem, ob mehr oder weniger Wasser im Eis der Polkappen gebunden wird. Dass die letzte Eiszeit nicht einfach kalt war, sondern die Abkühlung graduell, von Schwankungen unterbrochen, vor sich ging, zeigen Messungen am Deuterium, das als Isotop des Wasserstoffs temperaturabhängig in das Wassermolekül eingebaut wird. Der Bohrkern aus der Antarktis wurde von einem französisch-russischen Team untersucht.

2.52
Der dunkle Streifen ist ein Schieferkohlehorizont in einer Kiesgrube bei Gossau. Datierungen am organischen Material zeigen eine Warmphase um ungefähr 40000 vor heute an.

2.53
Das grosse Lössprofil von Heimugon in China. In der linken Bildmitte ist ein kleines weisses Rechteck zu sehen, ein 530000 Jahre alter Bodenkomplex.

2.54 und 2.55
Rekonstruktion von Fauna und Flora in der Schweiz während der letzten Eiszeit nach den Vorstellungen des letzten Jahrhunderts.

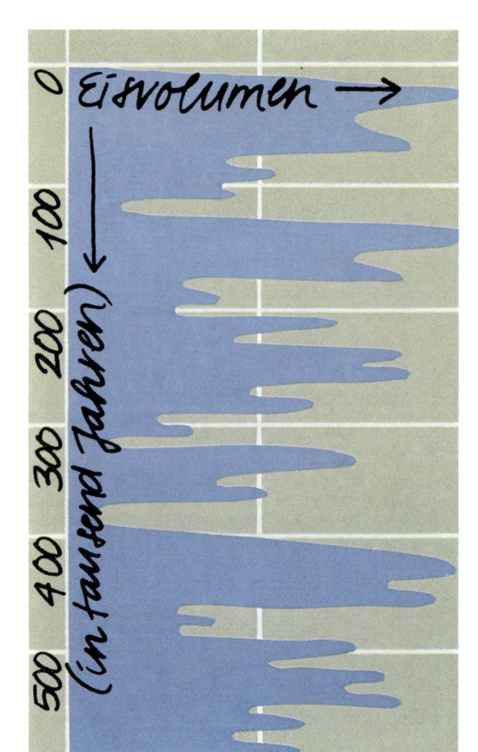

2.51

2.52

2.53

2.54

2.55

2 Die Jüngere Dryas

Während der allgemeinen Erwärmung nach der Eiszeit gab es in der Jüngeren Dryas um 11000 vor heute einen plötzlichen Rückschlag. In weniger als 100 Jahren sanken in weiten Teilen Europas die Temperaturen um 6°C. Was war geschehen? Die Erdbahnparameter sind kaum

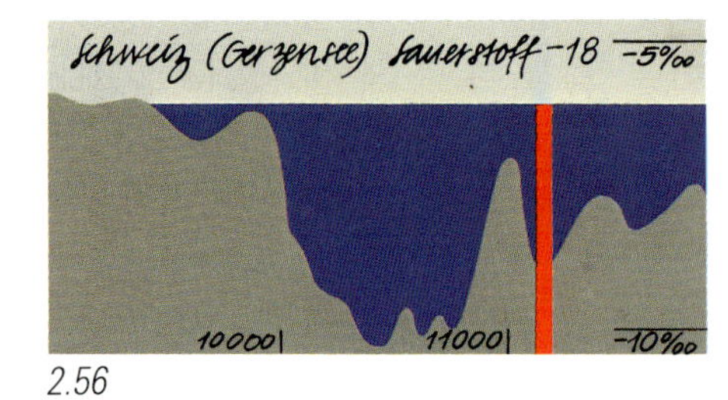

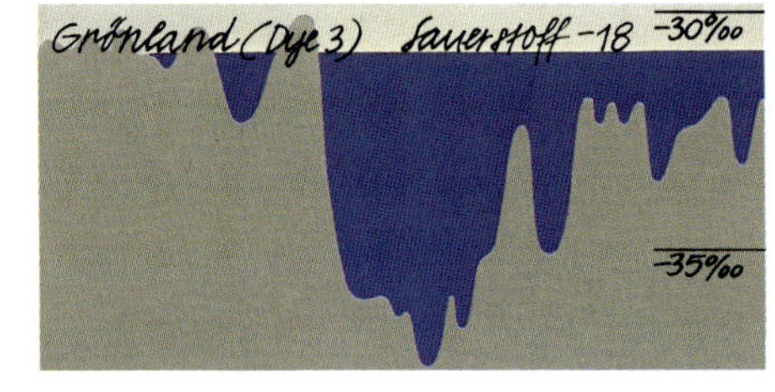

2.56

2.57

2.58

die Ursache. Vielmehr scheint es sich um ein Beispiel der komplexen Rückkopplungsmechanismen zu handeln, die das Klimasystem im bistabilen Zustand kippen lässt. Die heute bevorzugte Antwort gibt die Schuld dem Vorrücken der nordatlantischen Polarfront. Der Golfstrom wurde so nach Süden abgelenkt. Verdrängte das leichtere Gletscherschmelzwasser unsere Warmwasserheizung? Im eigenen Interesse müssen wir sehr schnell eine plausible Erklärung für die Ursache finden.

2.56
Sauerstoff-18 im Grönlandeis und in Sedimenten des Gerzensees belegen die Abkühlung. Der Zeitpunkt ist durch einen datierten Vulkanausbruch – rot – belegt.

2.57
Eisstrom nördlich von Thule, Grönland.

2.58
Der Gerzensee bei Bern.

2.59
Position der Polarfront nach der letzten Eiszeit in fünf Zeitabschnitten nach den heutigen Vorstellungen.

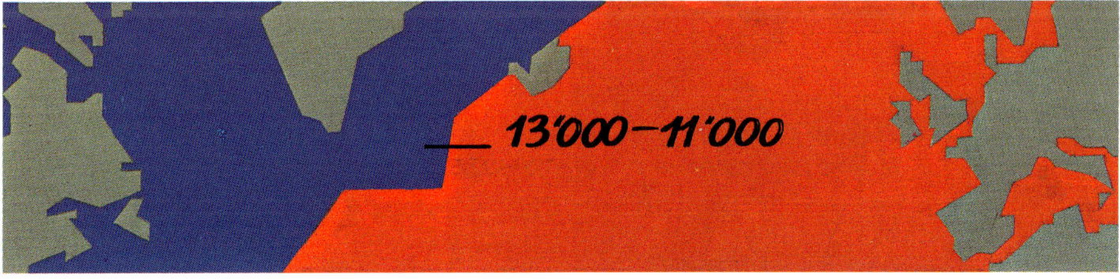

2.59

2 Die Kleine Eiszeit

Die Kleine Eiszeit bezeichnet ganz allgemein einen markanten Temperaturrückgang in historischer Zeit, von der Mitte des 13. Jahrhunderts an bis etwa 1850. Er ist besonders in Europa gut dokumentiert, aber auch ausserhalb davon nachgewiesen. Es scheint, dass diese Klimaphase direkt mit Veränderungen der Sonne zu tun hat. Die fehlenden Sonnenflecken im Wolf-, Spoerer- und Maunder-Minimum charakterisieren eine stille Sonne. Die schwankenden Gletscherstände des Unteren Grindelwaldgletschers wurden über die bildende Kunst zu einem einzigartigen Klimadokument.

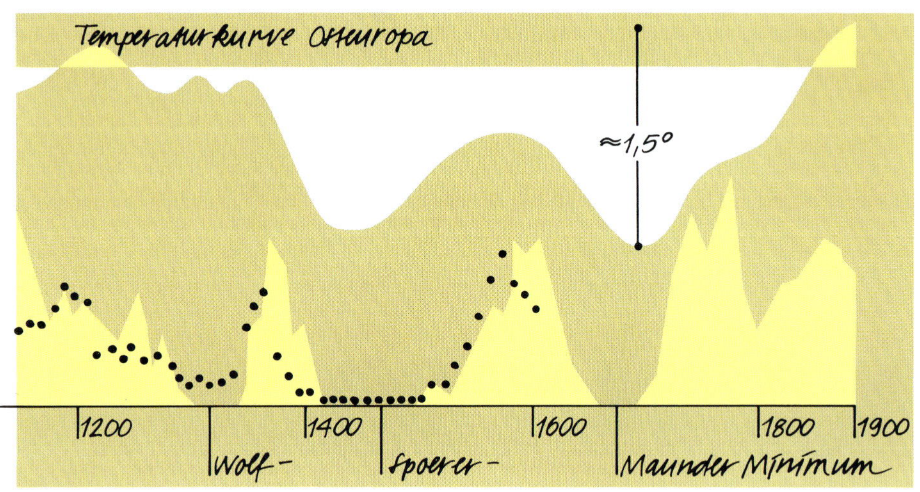

2.60

Die aus Proxidaten rekonstruierte Temperaturkurve aus Osteuropa scheint einen direkten Zusammenhang mit der Sonnenaktivität zu bestätigen.

2.61

Schwankung des Zungenendes des Unteren Grindelwaldgletschers. Die Pfeile bezeichnen von links nach rechts die Reihenfolge der Bilddokumente.

2.62 bis 2.67

E. Handmann, um 1748/49 – C. Wolf, um 1774/76 – J. J. Biedermann, um 1808 – G. M. Lory Sohn, um 1820 – Foto 1858 – Foto 1974.

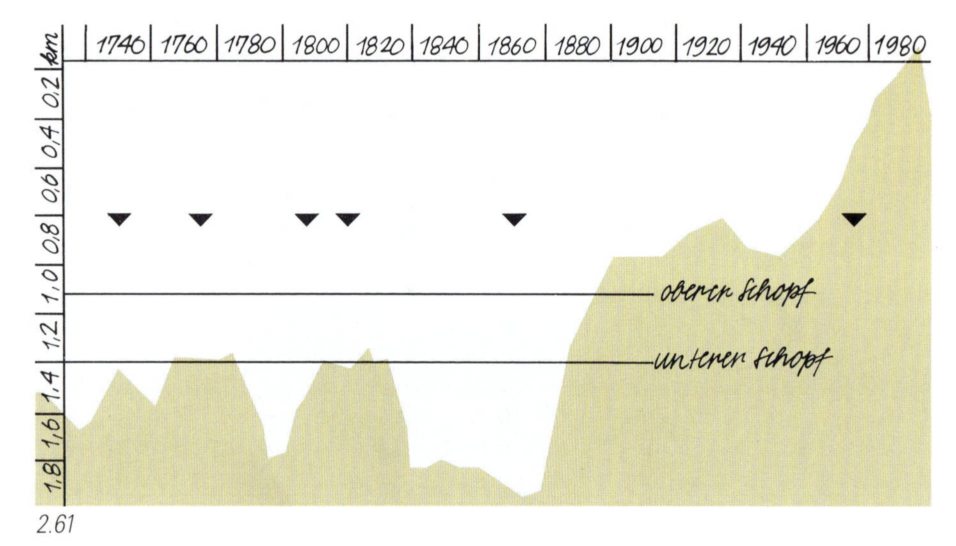

2.61

2.62

2.65

2.63

2.64

2.66

2.67

2

Die Kleine Eiszeit mit ihren ausgeprägten Wetterkapriolen brachte nachgewiesenermassen für weite Teile Europas und besonders für die Schweiz grosse wirtschaftliche und soziale Probleme. Der Tourismus in der Schweiz profitierte aber gegen ihr Ende besonders von der Attraktivität der durch die Gletscher geprägten Landschaft. Die ersten Hotels in Grindelwald entstanden erst nach 1820. Bis dahin mussten die Reisenden beim Pfarrer übernachten.

2.62
Blick aus dem Speisesaal des Hotel Bären in Grindelwald auf den Oberen und Unteren Grindelwaldgletscher. Schon damals wollte man den Naturschönheiten ein wenig nachhelfen: Beide Gletscher sind aus diesem Blickwinkel gar nicht zu sehen. Die Trennung zwischen beiden Fenstern lässt den verkürzten Horizont glaubhaft erscheinen. Das Bild entstand um 1830.

2 El Niño

Das Kind. Es kommt meist um die Weihnachtszeit, bringt aber nichts Gutes. Westliche Winde treiben alle drei bis sieben Jahre wie eine biblische Plage warmes Wasser gegen die Küsten Ecuadors und Perus und verhindert so das Aufquellen von nährstoffreichem Wasser. Aufgrund der manchmal verheerenden Folgen für das marine Oekosystem und den Menschen wurde die Forschung verstärkt und in letzter Zeit fand man eine enge Verbindung zu einem anderen Phänomen: der Südlichen Oszillation. Das ist eine Art globaler Schaukel von Hoch- und Tiefdruckgebieten mit Zentren um Indonesien, Nordaustralien und dem südöstlichen Pazifik. Ausgeprägte ENSO-Ereignisse – eine Zusammenziehung von *El Niño* und *S*outhern *O*scillation – wie 1982/83 bringen mit Verschiebungen der Niederschlagsgebiete in den Tropen ausgedehnten Landstrichen Dürre oder sintflutartige Regenfälle. Die von ENSO verursachten atmosphärischen Störungen greifen auch auf die Nordhalbkugel über und können so das Wetter in Nordamerika und Europa nachhaltig beeinflussen.

2.68
Ablauf des El Niño 1982/83. Die Normalsituation: Das aufquellende, nährstoffreiche Wasser (2) liegt wie eine kühle Zunge im warmen Pazifik (1). Dann wird das Auftriebswasser verdrängt, und noch Monate später sind die Temperaturverhältnisse des Oberflächenwassers gestört. Ein Rest warmen Wassers liegt weiterhin über dem Auftriebsgebiet (3), weite Teile des Pazifik sind kühler als normal. Die Folge: ungewöhnlicher Wetterablauf in vielen Gegenden der Erde.
2.69
Die traurigen Folgen von ENSO.
2.70
Der ENSO-Index: Positive Abweichungen der Meerestemperaturen vor Peru – rot – und Anomalien in der atmosphärischen Druckdifferenz von Tahiti/Australien – blau – treten gemeinsam auf. Ein Zeichen, wie eng das Geschehen im Ozean und in der Atmosphäre gekoppelt ist.
2.71
Der ungetrübte Badesommer 1983 an der Aare bei Bern scheint über die Auswirkungen von Trockenheit und Hitze hinwegzutäuschen.

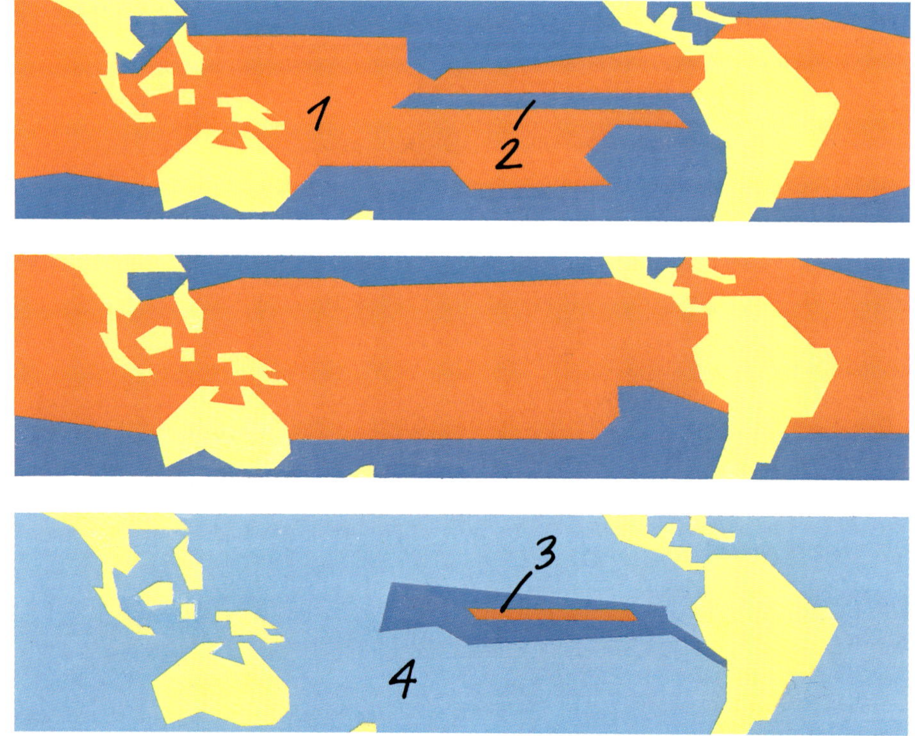

2.68

2.69

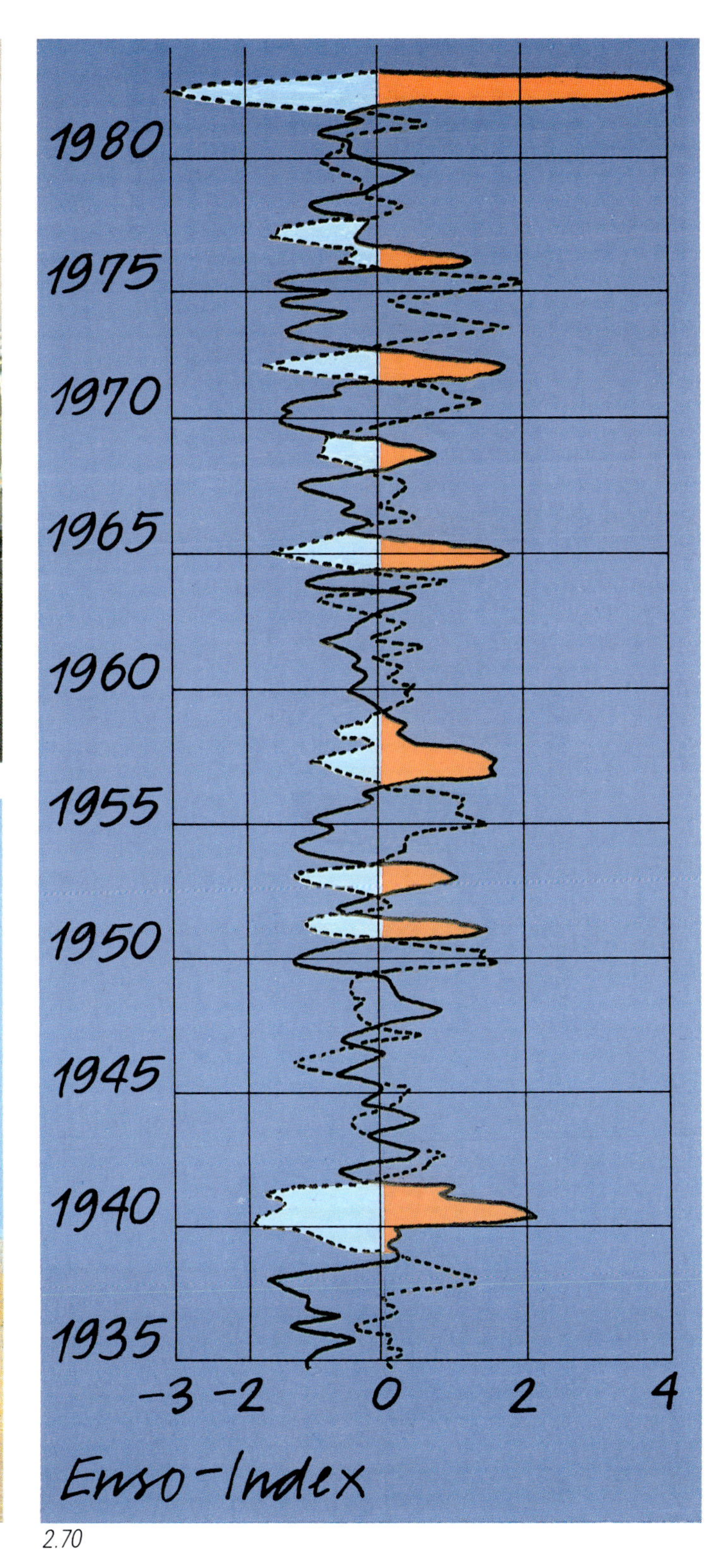
1980
1975
1970
1965
1960
1955
1950
1945
1940
1935
-3 -2 0 2 4
Enso-Index
2.70

2.71

Klima, Mensch und Landschaft

3

Die Klimaelemente haben das Antlitz der Erde geprägt. Unser Planet hat viele Gesichter: Unverhüllt wettergegerbt, abweisend und lebensfeindlich das eine Mal. Dann wieder einladend, mit einer schützenden Decke lebensspendender Vegetation, von Wasserläufen durchzogen. Die Fähigkeit des frühen Menschen, sich extremen Klimaverhältnissen anzupassen, hat sein Überleben gesichert. Die Landbrücken, die durch den tiefer liegenden Meeresspiegel während der letzten Eiszeit bestanden, ermöglichten Mensch und Tier die Wanderung in neue Lebensräume. Mit dem Einsetzen der heutigen Warmzeit wurden die Landbrücken wieder überspült, die Lebewesen der verschiedenen Kontinente entwickelten sich von da an getrennt. Die Zivilisation hat neue, kriegerische und kulturelle Brücken geschlagen.

3

3.1
Die Landschaft um den Thunersee mit Blick ins Berner Oberland. Von der letzten Eiszeit geprägt, als hier der Aaregletscher durchfloss. Heute eine vom Menschen geformte Kulturlandschaft. Hier liegt auch der Gerzensee, der in seinen Sedimenten die wechselvolle Geschichte der Nacheiszeit festgehalten hat.

3.2
Blick ins Alaital am nördlichen Rand des russischen Pamir. Die klimatischen Verhältnisse in 3500 m Höhe heute erlauben uns einen Blick in die Vergangenheit. So mag es um den Thunersee ausgesehen haben, als das Eis zurückwich und die schützende Vegetationsdecke noch dünn war.

3

Das Klima formt die Landschaft. Die Landschaft formt den Menschen. Das war zumindest so. Die klimatischen Anforderungen des Eiszeitalters haben den Menschen gezwungen, seine geistigen Fähigkeiten zu steigern, um überleben zu können. Er passte Kleidung, Behausung und Lebensgewohnheit seiner Umgebung an. Mit der Wandlung vom umherziehenden Jäger zum Ackerbauer und Siedler setzt die kulturelle Entwicklung ein, die all diese Eigenschaften noch verstärkt. So bekam die Kulturlandschaft der Erde ein sehr eigenständig differenziertes Gepräge. Sind wir im Begriff, diese Zusammenhänge zu vergessen und die Beziehung zur Landschaft zu verlieren?

3.3
Der Eskimo zwischen Seehundsfell und Polyesterkombi. Die raffinierten Kältefallen eines Iglus ersetzt heute der Kanonenofen im Holzhaus.

3.4
Und die Schweiz?

3.5
Kirgisen im Hochland von Pamir. Im Winter werden die Nomadenzelte immer bereitwilliger mit festen, uniformen Unterkünften auf Kolchosen vertauscht.

3.6
Der Petrodollar hat auch das Märchen von 1001 Nacht neu geschrieben. Klimageräte kühlen einfacher als das ausgeklügelte Spiel mit Licht, Luft und Schatten der traditionellen Lehmbautenarchitektur.

3 Das nördliche Afrika seit der Eiszeit

In den letzten 20000 Jahren erlebte unsere Erde nicht nur ein Kälte- und ein Wärmemaximum, sondern auch ausgeprägte Trocken- und Feuchtzeiten. Die letzten Jahrzehnte haben eine faszinierende Fülle von Daten über die jüngste Klimageschichte Afrikas geliefert, die uns mit aller Deutlichkeit vor Augen führen, was Klimaänderungen für den Lebensraum des Menschen bedeuten. Der Tschadsee zum Beispiel, heute zwischen 12000 und 25000 km² schwankend, war einmal fast so gross wie das Kaspische Meer. Die Umweltbedingungen der riesigen Landflächen zwischen Äquator und Mittelmeer wurden grundlegend umgestaltet und lagen ausserhalb jeglicher menschlichen Beeinflussung. Als Ursache vermutet man heute einen grossräumigen Zusammenhang mit der ITC, der Intertropikfront.

3.7
Die Ausdehnung der Sahara in vier Klimaphasen. *Vor 18000 Jahren* war es trockener als heute. *Vor 8000 Jahren* während des sogenannten Klimaoptimums reichten die Vorstösse tropischer Luft mit den lebensnotwendigen Niederschlägen über die Sahara hinaus. Dann setzte wieder ein Umschwung ein, die Niederschlagsmengen waren *2000 vor heute* deutlich geringer. *Heute* verschärfen Bevölkerungsdruck und Übernutzung des Bodens die herrschende Trockenheit.

3.8
In der algerischen Sahara bei Beni Abbes.

3.7

3.8

3

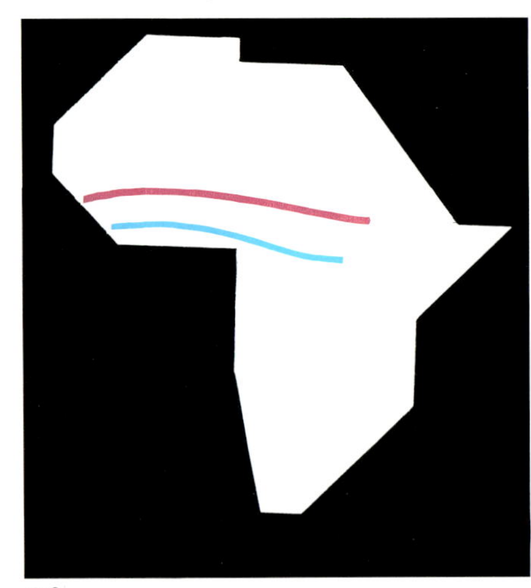

3.9

Vor 18 000 Jahren

In den zentralen Saharagebirgen herrscht ein Frostwechselklima mit genügender Durchfeuchtung im Winterhalbjahr. In den übrigen Gebieten ist es trockener als heute.

3.10

3.9
Der rekonstruierte Verlauf der ITC im Sommer – rot – und Winter – blau – vor 18 000 Jahren.

3.10
Spuren eiszeitlichen Frostwechselklimas.

3.11
Im Tibesti-Gebirge der zentralen Sahara.

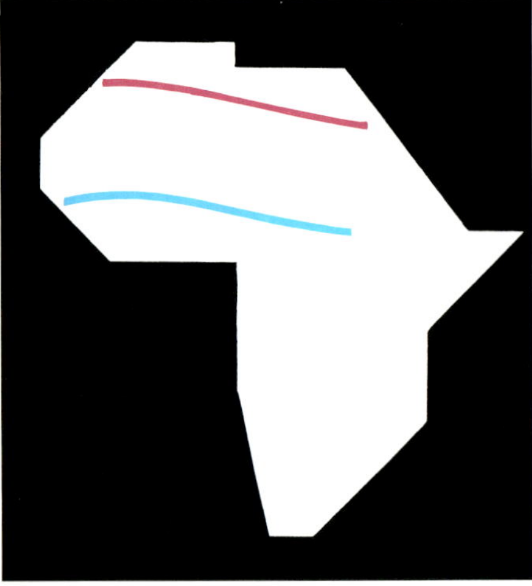

3.12

Vor 8000 Jahren

Ein Bild völlig veränderter Umweltbedingungen. Offene Wasserflächen und eine weitgehend geschlossene Vegetationsdecke ermöglichen steinzeitliche Kulturen mit Jagd-, Fisch- und Weidewirtschaft.

3.12
Die ITC vor 8000 Jahren.

3.13
Sand... damals Lebensraum für Mensch und Tier.

3.14
Versteinertes Holz in der Sahara.

3.15
Das wechselvolle Schicksal des Tschadsees.

3.16
Ein Fluss am Rand der Sahara.

3.11

3.13

3.14

3.15

3.16

3

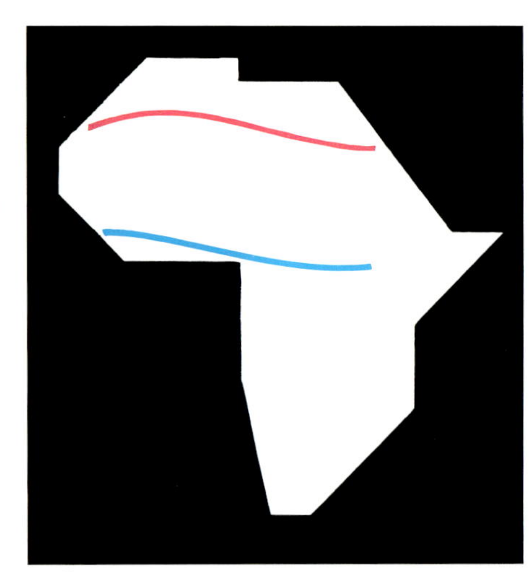

3.17

Vor 2000 Jahren

Ein versteinerter Ramses II. sieht auf die zerfallene ägyptische Hochkultur. War das Klima stärker als der Mensch? Ab 4000 vor heute verschwinden die offenen Wasserflächen, die Grosstierwelt stirbt aus, Ökosysteme brechen zusammen. Noch ist der nordafrikanische Küstenbereich die Kornkammer der Römer, aber die Niederschläge werden unregelmässiger. Durch Übernutzung des Bodens hilft auch hier die Unvernunft des Menschen schon kräftig nach. Der Zusammenbruch ist nicht mehr aufzuhalten. Ein ähnlicher Vorgang der Klimaverschlechterung spielt sich zur selben Zeit im Gebiet des Himalaya und in Tibet ab. Wohl sind die Zusammenhänge noch nicht restlos geklärt, aber auch hier zeigt sich mit aller Deutlichkeit, wie zerbrechlich die Welt ist, in der wir leben.

3.17
Die ITC vor 2000 Jahren.
3.18
Abu Simbel. Ramses II.
3.19
Drei kleinere Pyramiden am Fuss der grossen Cheops-Pyramide.

3.18

3.19

3

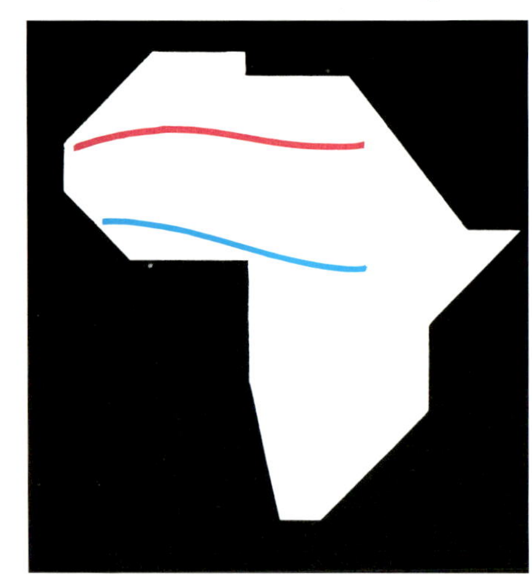

3.20

Heute

Die letzten zwei Jahrzehnte waren von verheerenden Trockenphasen geprägt. Die Niederschlagskurven zeigen starke Schwankungen mit einem unverkennbaren Abwärtstrend. Um der Trockenheit zu begegnen, wird nach fossilem Grundwasser gesucht, das sich in Zeiten feuchteren Klimas gebildet hat. Wie lange reichen die Reserven?

3.20
Die ITC heute.

3.21
Der Wasserkreislauf in Trockengebieten. Die Breite der Pfeile ist mengenproportional. Nur ein kleiner Teil gelangt ins Grundwasser, dem Übernutzung droht.

3.22
Der Abwärtstrend der Niederschläge in Mali.

3.23 und 3.24
Tiefbohrungen, wie hier im Niger, löschen den grossen Durst.

3.25
Traditionelle Bewässerung im Tibesti.

3.26
... und Einsatz der Technik in der Libyschen Wüste. In riesigen Bewässerungsringen wird Nahrung für die wachsende Bevölkerung produziert.

3.21

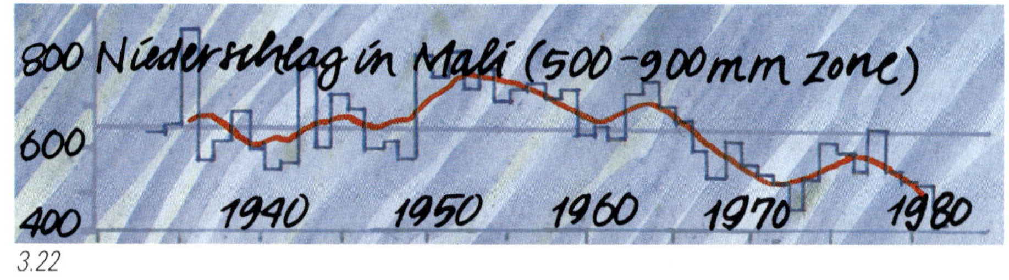

3.22

3.23

3.24

3.25

3.26

3

3.27
Die Ausbreitung
der Menschen am Ende
der Eiszeit – rot – und der Weg
der Normannen nach Grönland – gelb.

Klima und Lebensraum

Der Ursprung der Hominiden, der ersten menschenähnlichen Wesen, ist in der äquatorialen Zone Afrikas zu finden. Ihre Entwicklung zum Menschen ist bis heute noch nicht lückenlos nachvollziehbar, weil die Forschung sich mit mehr oder weniger zufälligen Funden begnügen muss. Die entscheidende Phase für den Menschen beginnt wahrscheinlich in der letzten Eiszeit, wo er mit der Fähigkeit, sich an extreme Klimaverhältnisse anzupassen, über andere Lebewesen dominiert. Landbrücken fördern seine Ausbreitung. Vor mehr als 25000 Jahren kommen Jäger aus Sibirien über einen Korridor nach Alaska und Kanada und stossen über die Landenge von Panama bis nach Südamerika vor. Über dieselbe Landbrücke kommen auch die Vorfahren der Eskimos nach Grönland, lange vor den Wikingern, die sich gegen Ende des ersten Jahrtausends nach Christus in einer klimatisch günstigen Zeit an den Küsten der grössten Insel der Welt niederlassen. Das zentrale Afrika wird durch die Austrocknung der Sahara von der weiteren Entwicklung abgeschnitten. Im Klimaoptimum nach der letzten Eiszeit entwickeln sich die ägyptischen und syrisch-mesopotamischen Hochkulturen. Australien verliert durch das Ansteigen des Meeresspiegels seine Landbrücke zu Südostasien und wird ebenfalls isoliert; die Besiedlung Polynesiens findet erst viel später über den Seeweg statt.

3.28
Die Landverbindung Asien – Amerika über die Beringstrasse während der Eiszeit. Die hellblauen Flächen sind heute wieder unter Wasser.

3.29
Die Kirche von Hvalsey, die besterhaltene Normannen-Ruine in Grönland.

3.30
Polynesisches Doppelboot, mit dem der pazifische Raum besiedelt wurde. Das Bild stammt von einem Teilnehmer einer holländischen Expedition im 18. Jahrhundert.

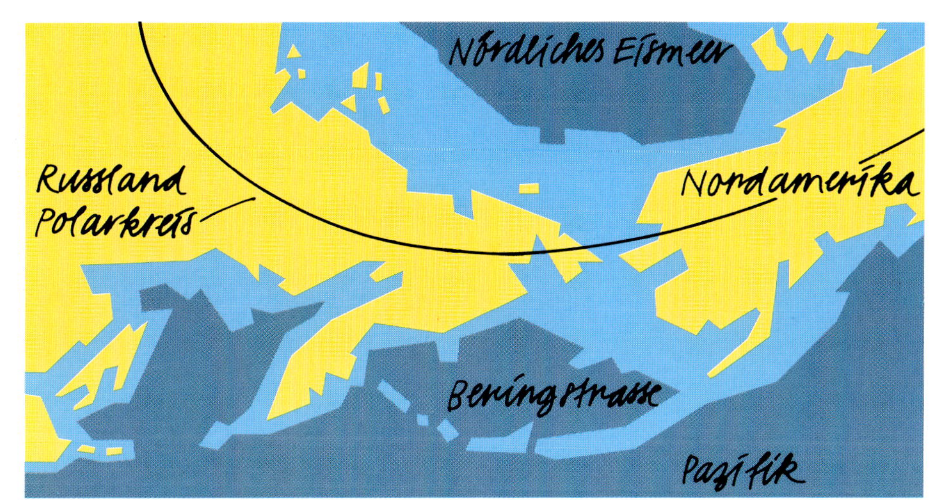

3.28

3.29

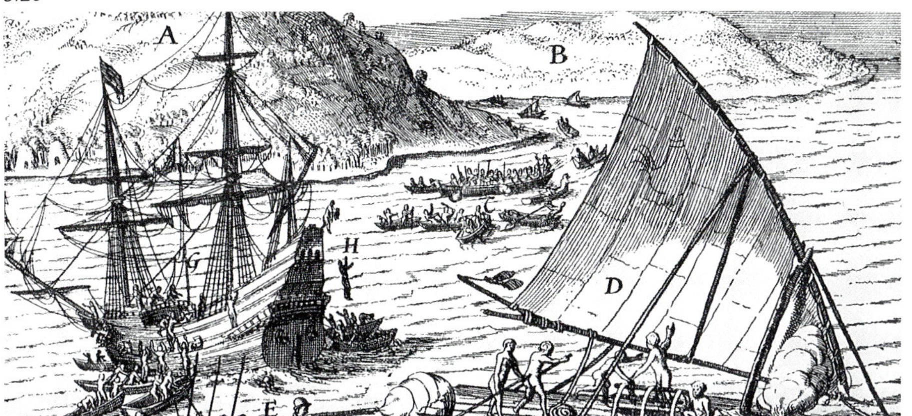

3.30

3 Klima und Kulturgeschichte

Baumringe und Gletscherschwankungen schreiben Klimageschichte. Sehr sensible Bäume in klimatischen Grenzlagen, die Jahr für Jahr auf die unterschiedlichen Witterungsverhältnisse reagieren. Gletscher antworten je nach Grösse vielleicht erst nach Jahrzehnten. Beim aufmerksamen Studium dieser Information ergeben sich überraschende Querverbin-

3.31
Der Aletschgletscher heute.

3.32
Eineinhalb Jahrtausende Temperatur- und Niederschlagsgeschichte von Bäumen im Norden Europas und noch einmal tausend Jahre mehr durch die Schwankungen des Aletschgletschers in Mitteleuropa. Die grünen Balken sind datierte Stämme, die damals im Umfeld des Gletschers lebten und bei Vorstössen überfahren wurden.

3.33
Die Elefanten Hannibals bei der Alpenüberquerung.

3.34
Eine Monatsscheibe aus dem 17. Jahrhundert. Damals verdrängte der Wein sogar das Getreide, so dass die Erweiterung von Rebanlagen unter Strafe gestellt werden musste.

3.35
Walser-Einzelhof mit Vorratsspeichern bei Davos-Monstein.

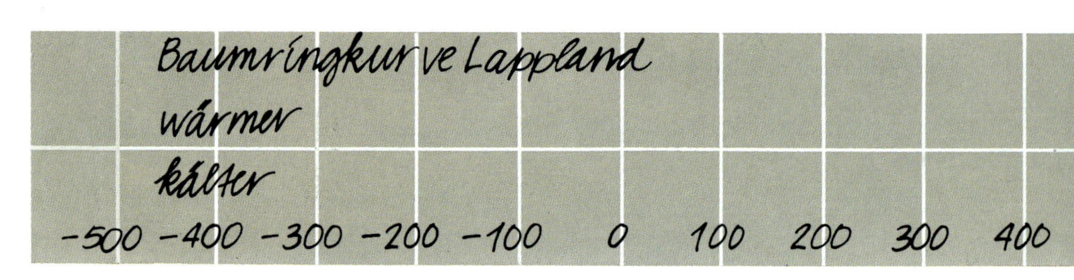

3.32

3.31

3.33

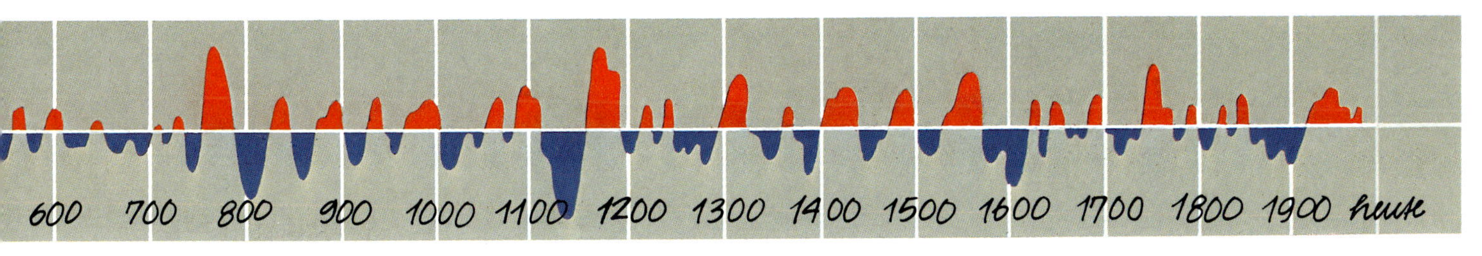
600
700
800
900
1000
1100
1200
1300
1400
1500
1600
1700
1800
1900
heute

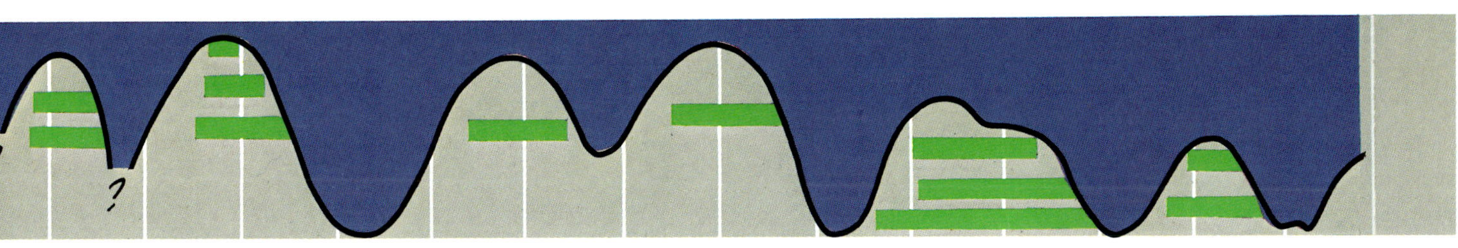
?

SEPTEMBER

3.34

3.35

3

dungen zur Kulturgeschichte. *Hannibals* Zug über die Alpen scheint gerade rechtzeitig vor einer längeren Klimaverschlechterung stattgefunden zu haben, wie dies der Vorstoss des Aletschgletschers signalisiert.
Die spürbare Klimaverbesserung im 12. und 14. Jahrhundert liess die *Rebanlagen* im Vorderrheintal bis auf 1200 m Höhe klettern. Die *Walser* dagegen mussten der zunehmenden Trockenheit in den südlichen Alpentälern weichen und zogen nach Norden. Da die Talgründe bereits besetzt waren, liessen sie sich nahe der Waldgrenze nieder. Ihre typischen Streusiedlungen prägen weite Teile der bündnerischen Landschaft.
Auch das Schicksal der *Seidenstrasse* ist wahrscheinlich zu einem guten Teil von der Klimageschichte bestimmt worden. Diese berühmte Landverbindung zwischen dem Römischen Reich und dem chinesischen Thron erlebte ihren Höhepunkt noch vor Ende des ersten Jahrtausends. Durch den Handel entstanden blühende Städte am Rande des Tarim-Beckens im Zentrum des asiatischen Kontinents. Sie verschwanden unter dem Sand der Taklamakan-Wüste, die schon Marco Polo bei seinen berühmten Forschungsreisen zwischen 1271 und 1295 Mühe bereitete. Man vermutet heute als einen möglichen Grund die fortschreitende Austrocknung des Tarim-Beckens, das, umrahmt von den Bergen des Tienshan, Kunlun und Pamir, in seinem Zentrum heute überhaupt keinen Niederschlag mehr empfängt. Und mit dem Rückgang der Gletscher versiegten dann auch die Quellen der Bewässerungsanlagen für die Städte.

3.36
Venedig – Ausgangspunkt der Reisen Marco Polos.
3.37
Die Berge des Pamir an der russisch-chinesischen Grenze. Durch das Alaital führte eine Route der Seidenstrasse.
3.38
Der Himmelspalast in Beijing.
3.39
Die Genueser Weltkarte von 1457 war eine wichtige Grundlage für die Handelswege im Mittelalter.
3.40
Der Ausschnitt aus dem Grossen Katalanischen Weltatlas von 1375 zeigt eine Karawane auf dem Weg durch die Wüste Taklamakan.

3.36

3.37

3.39

3.38

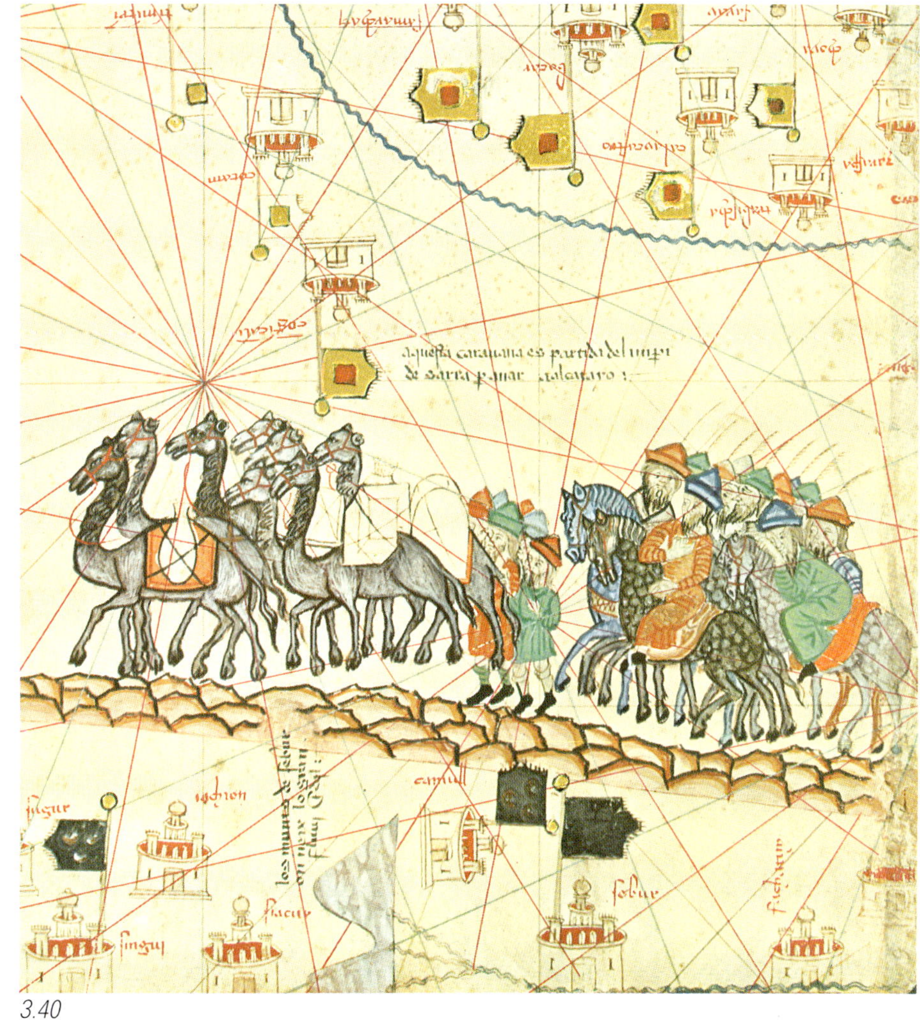

3.40

3 Die Schweiz seit dem Mittelalter

Die Klimageschichte der Schweiz in diesem Abschnitt wird von der mittelalterlichen Warmzeit und der schon erwähnten Kleinen Eiszeit geprägt. Nun war es aber nicht einfach ein paar Jahrhunderte wärmer und dann wieder für längere Zeit kälter. Zum Teil recht ausgeprägte Schwankungen in allen Spielarten von Feucht und Kalt zu Warm und Trocken folgten einem längerfristigen Trend. Die Bevölkerung, noch nicht mit den Annehmlichkeiten unserer Technik ausgerüstet, die solche Gegensätze weitgehend mildert, reagierte in allen Lebensbereichen sehr empfindlich darauf. Die Grosse Pest von 1348–1350 beispielsweise dürfte in Europa rund ein Viertel der Bevölkerung das Leben gekostet haben. Von 1342 bis 1347 ging dieser Epidemie eine der nassesten und sommerkältesten Perioden des letzten Jahrtausends voraus. Im Anschluss an das grosse Sterben traten zwischen 1351 und 1353 Zürich, Glarus, Zug und Bern dem Bund der Eidgenossenschaft bei. Zufall? Oder vom Klima diktierter Zusammenhang?

Obwohl das Wohlergehen vieler Menschen früher sehr direkt vom Wetter abhing, machte man oft aus der Not eine Tugend. Im bitterkalten Winter 1573 zog eine Prozession über den zugefrorenen Bodensee von Münsterlingen nach Hagnau auf der anderen Seite. Sie trugen eine farbige Holzplastik des Evangelisten Johannes mit sich und stellten sie im Rathaus auf. Sie sollte so lange auf ihre Rückkehr warten, bis der See wieder zugefroren sei. Es dauerte über 100 Jahre. Das letzte Mal wurde Johannes 1963 von Hagnau nach Münsterlingen getragen.

Wem es dabei zu kalt wurde, ging ins Bad. Baden besass Tradition, und vielen Stadtrechnungen des Mittelalters kann man entnehmen, dass die Behörden Bäderfahrten finanziell unterstützten.

3.41
«Die Pest» von Arnold Böcklin, 1827–1901.

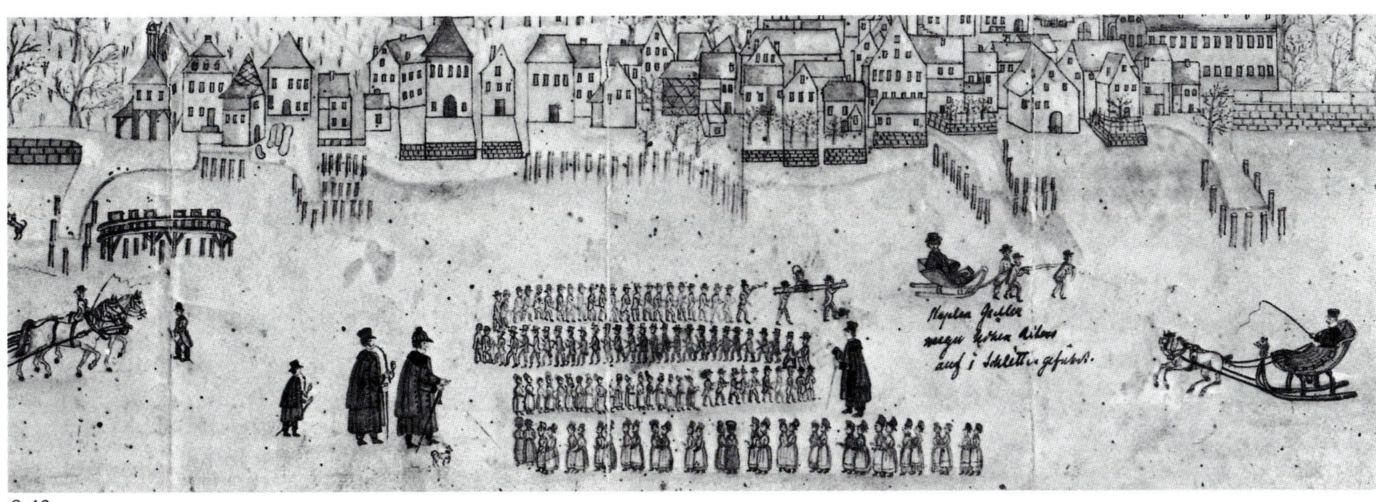

3.42

3.43
Hugis Forschergruppe im Rottal um 1830.

3.42
Am 2. Februar 1830 wurde die Büste des heiligen Johannes von Münsterlingen über den gefrorenen Bodensee wieder nach Hagnau geholt. Von 875 bis 1963 sind 33 Seegfrörnen überliefert, wobei über die Hälfte der Ereignisse zwischen 1378 und 1573 registriert wird.

3.44
Bad Pfäfers in der Tamina-Schlucht. Lange Zeit mussten die Heilungsuchenden in Körben zu den Wassern hinuntergelassen werden, denen die Einheimischen magische Kräfte zuschrieben.

3

Als dann im Laufe des 18. Jahrhunderts die Furcht vor den Gewalten der Gebirge weicht, entdecken Wissenschafter, Künstler und Naturbegeisterte die Schweiz. Es beginnt eine geradezu schwärmerische Alpenromantik. Forscher wie Scheuchzer, de Saussure, Hugi oder Agassiz suchen Antworten auf die Rätsel der Alpenwelt und mit ihr auch auf die Frage nach den Eiszeiten.

1779 besuchte Goethe den Staubbachfall im Lauterbrunnen-Tal. Bei dieser Gelegenheit entstand der Gesang der Geister über den Wassern:

Des Menschen Seele
Gleicht dem Wasser
Vom Himmel kommt es
Zum Himmel steigt es
Und wieder nieder zur Erde muss es
Ewig wechselnd …

In einem Brief erwähnte er, der Staubbach sei ihm das höchste Ideal der Ruhe, sein Fall und Wasserstaub hätte ihn mit einem seligen Gefühl der Ruhe überfallen.

Das Erwachen beginnt im 19. Jahrhundert.

3.45
Der Staubbach um 1832.

3.45

Das Erwachen

Bis ins beginnende 19. Jahrhundert hatten die Hungernden nach grossräumigen Missernten kaum die Möglichkeit, dem Elend zu entrinnen. Das neu erschlossene Land im amerikanischen Westen und die billigere und schnellere Überfahrt mit dem Dampfschiff schufen jetzt andere Perspektiven. Nicht mehr erdulden und anpassen, sondern ausweichen. Der Aufbruch zu neuen Ufern war die Devise. Die Krisenperiode von 1845 bis 1855 und dann wieder um 1880 lockte Millionen von Europäern nach Übersee. Geldsendungen und begeisterte Berichte vom schnellen Erfolg erleichterten den Entschluss, der alten Heimat den Rücken zu kehren.

Die zunehmende Industrialisierung brachte neue Sozialstrukturen, aber auch neue Bedürfnisse einer rasch wachsenden Bevölkerung. Vielleicht lösten die ersten russigen Fabrikanlagen oder der Gestank in den engen Wohnquartieren der Städte ein neues Gefühl für die Luft aus. Machte man die Luft in den Alpen früher für die Dummheit und Grobheit ihrer Bewohner verantwortlich – es existiert sogar eine Doktorarbeit in der Medizin des beginnenden 18. Jahrhunderts, die nachzuweisen versucht, dass die Schweizer Luft genauso ungesund sei wie diejenige Kärntens und Tirols –, beginnt sich jetzt die gegenteilige Meinung durchzusetzen. Die positiven Auswirkungen des Reizklimas lassen die Schweizer Luft zum Markenzeichen werden.

Aber auch so etwas wie Umweltbewusstsein, wenn auch nur notgedrungenermassen, beginnt sich zu regen: «Nirgends im Kanton Bern ist die Urbarmachung der Wälder so weit getrieben worden wie im Emmental; deshalb richten hier die Überschwemmungen und Verstopfungen der Flussbetten den grössten Schaden an», berichtet 1849 ein Forstmeister über die Entwaldung der Gebirge. Erst als sich die Katastrophen häufen, wird gehandelt. Forstgesetze verbieten die weitere Entwaldung und treiben die Aufforstung voran.

3.46
Mutter Helvetia entzieht ihren Kindern die Lebensgrundlage – und in der Fremde warten Enttäuschung und Leid. So sieht es der Nebelspalter im Jahr 1889.

3.47
Export von Menschen aus der Alten Welt und Import von Nahrung aus der Neuen Welt. Die grün markierten Zeitabschnitte bezeichnen Missernten in der Schweiz, die rote Kurve ist der Anteil der Schweizer Auswanderer an der Bevölkerung. Die europäische Auswanderungsrate war deutlich niedriger.

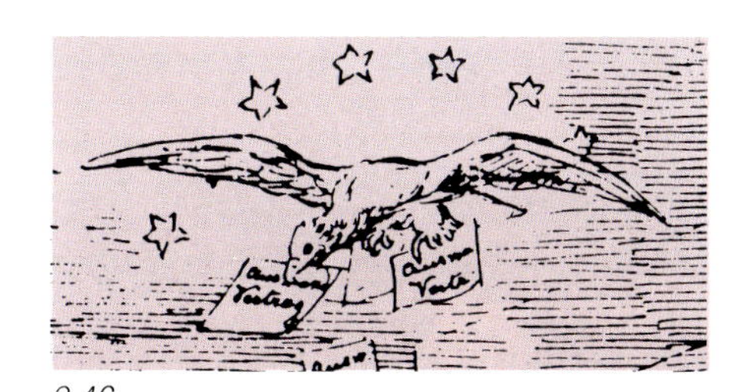

3.46

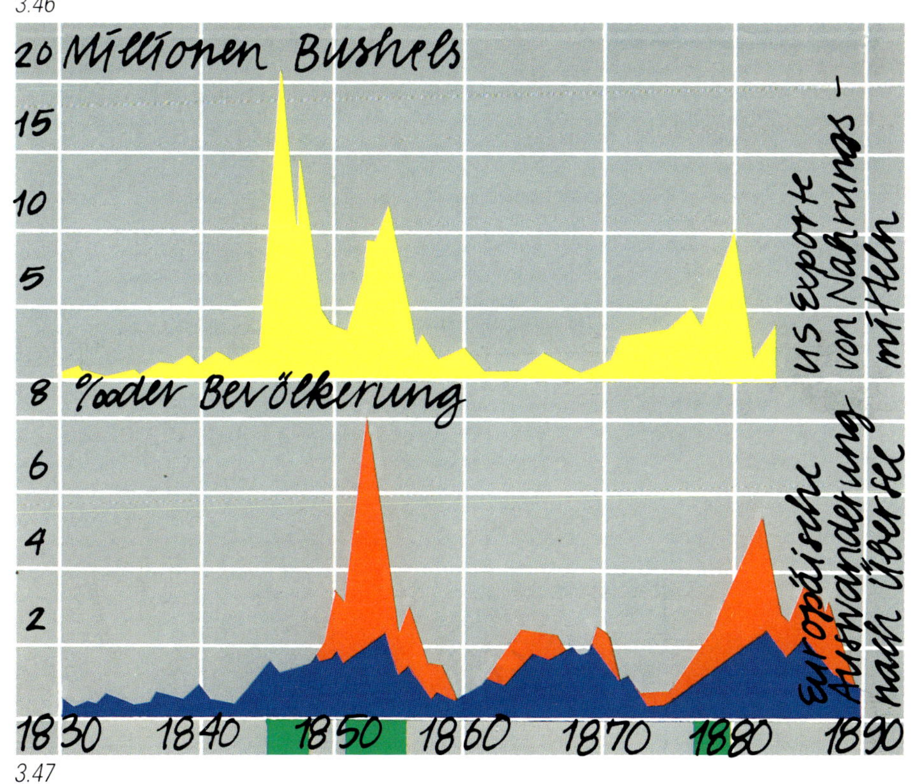

3.47

3

3.48
Fabrikanlagen der Gebrüder Sulzer in Winterthur im Jahr 1862. Diese Pioniere Schweizer Wirtschaft und Technik symbolisieren das Lebensgefühl der aufstrebenden Industriegesellschaft.
3.49
Sanatorium in Davos, unter anderem auch Kulisse für Weltliteratur. Das hier seit 1907 bestehende physikalisch-meteorologische Observatorium wurde gegründet, um die Auswirkungen des alpinen Reizklimas auf den Menschen besser verstehen zu können.

3.48

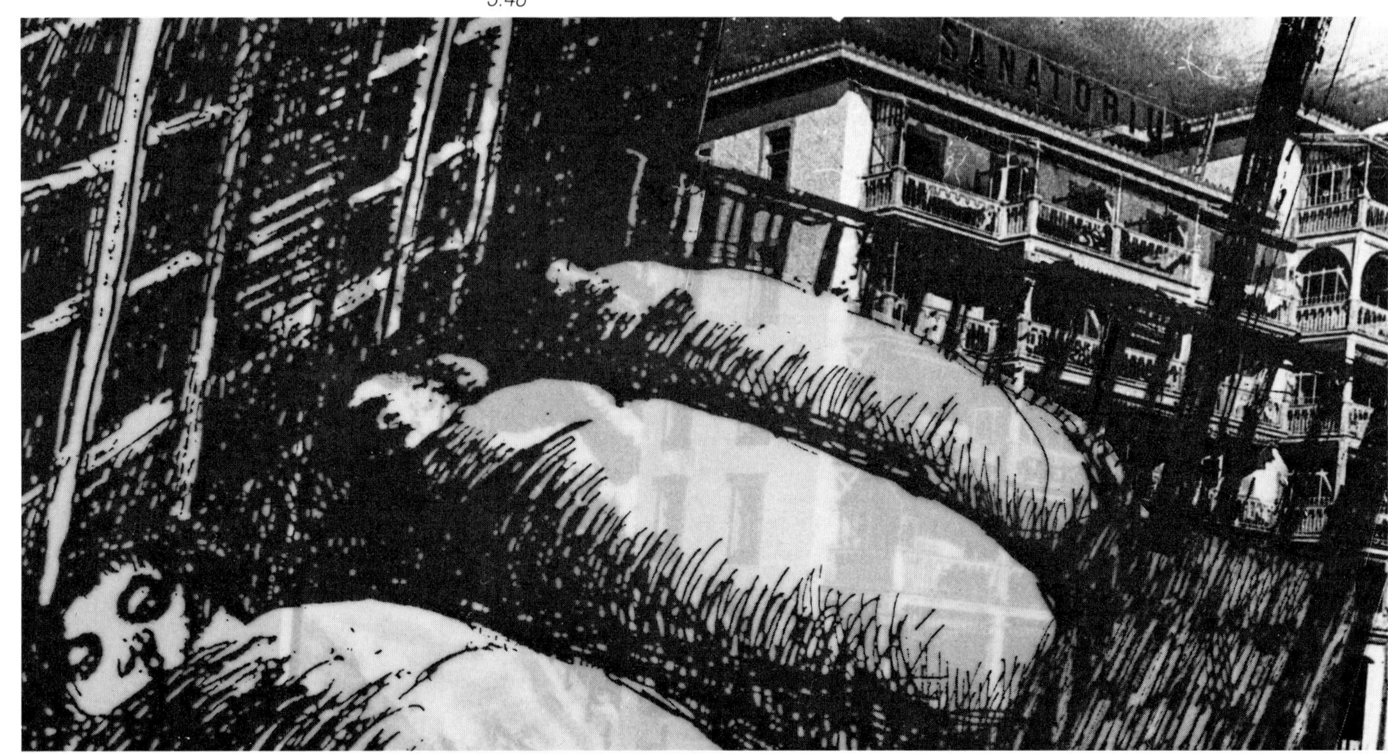

3.49

3.50
Die Hochwasserkatastrophe von 1853 im Emmental: das Schulhaus in Wasen stürzt ein.
3.51
Bewaldung im Gebiet der Honegg im oberen Emmental nach der Forstkarte von 1862 und nach der Landeskarte 1980.
3.52
Blick gegen die Honegg heute.

3.50

3.52

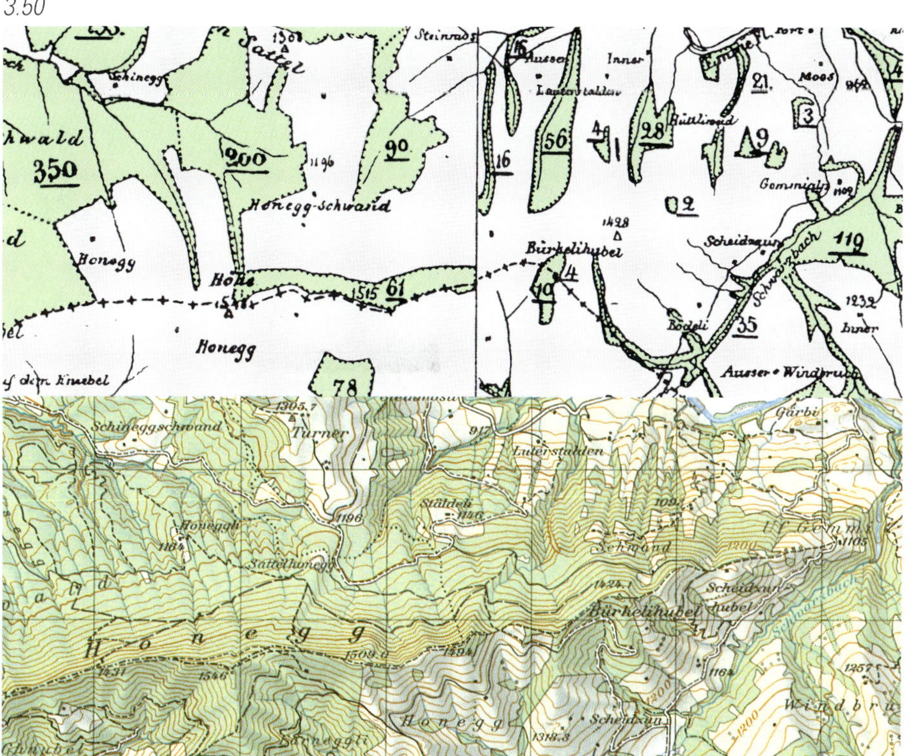

3.51

Mensch – Klima

4

«Seid fruchtbar und mehret Euch und macht Euch die Erde untertan.» Dieser Satz aus der biblischen Schöpfungsgeschichte stellt sich immer mehr als das grösste Missverständnis zwischen Mensch und Natur heraus. Schon immer haben wir alle die natürliche Umwelt nach eigenem Gutdünken geformt, aber erst unsere ausser Kontrolle geratene Vermehrung enthüllt das verletzliche Verhältnis Mensch–Natur in aller Deutlichkeit. Wir stören in beinahe allen Lebensbereichen die natürlichen Kreisläufe, ohne deren Spielregeln zur Genüge zu kennen. Der Eingriff in das Klimasystem vor allem durch die Verbrennung fossiler Energieträger wird zur globalen Herausforderung für die menschliche Existenz. Noch sind wir Gast der Natur. Wir sollten uns danach richten.

4 Die Bevölkerung wächst

Die Weltbevölkerung hat 1986 die 5-Milliarden-Grenze überschritten. In den letzten hundert Jahren ist sie um das Dreifache angestiegen, in den letzten 33 Jahren hat sie sich verdoppelt. Wie soll es, wird es weitergehen? Vor allem wächst die Bevölkerung in den einzelnen Ländern und Kontinenten sehr ungleichmässig. Das jetzt schon bestehende Missverhältnis zwischen Menschen und Rohstoffen – vor allem der Nahrungsmittel – wird weiter verschärft. Und mit dem Essen kommt der Appetit. Am stärksten wächst die Bevölkerung derzeit in Afrika, Südamerika und Südostasien. Europa nähert sich dem Nullwachstum.

4.1
Das Wachstum der Weltbevölkerung und ihr Anteil nach Regionen der Erde.

4.2
Die Bevölkerung wächst, die nutzbaren Landreserven nehmen ab. Religiöse Zusammenkunft in Indien – Landschaft in Nepal.

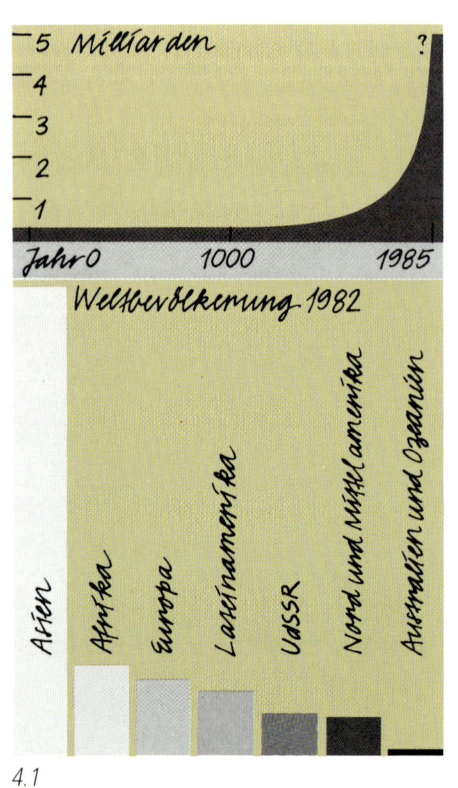

4.1

4.2

4

Der Energiehunger wächst

Mehr Menschen brauchen mehr Energie. Und die Annehmlichkeiten der Reichen ist das Ziel der Armen. Es scheint eine fatale Eigenschaft des Menschen, hauptsächlich durch die eigene, wenn auch manchmal bittere Erfahrung lernen zu können und nicht an den schlechten Beispielen der anderen. Kenya: Mit seinen 20 Millionen Einwohnern hatte es in den letzten Jahren weltrekordverdächtige Zuwachsraten der Bevölkerung. Dabei sind bei den heutigen klimatischen Verhältnissen nur etwa 15 Prozent des Landes kultivierbar. Fehlende Arbeitsplätze lassen sozialpolitische Spannungen unvermeidlich erscheinen. Rohstoffe und Energie müssen importiert werden. Die Devisen bringen westliche Touristen, die dort das Paradies suchen.
Und bei uns: Es scheint sich doch die bessere Einsicht durchzusetzen. Notgedrungenermassen. Weniger Menschen können nicht einfach immer mehr Lebensraum beanspruchen. Häuser und Häuschen, so weit das Auge reicht. Unser Technologievorsprung erleichtert zwar das Sparen. Aber genügt das?

4.3 bis 4.5
Nairobi um die Jahrhundertwende, in den dreissiger Jahren und heute. Von trockengelegten Sümpfen zur vielbesuchten Kongressstadt. Symbol für das erwachte Selbstverständnis Schwarzafrikas?

4.6
Idylle am Neuenburger See in der ersten Hälfte des letzten Jahrhundert.

4.7 und 4.8
Auch heute noch? Beton scheint auch hier sehr gefrässig und beileibe nicht immer schön zu sein. Immerhin hat der steigende Wohlstand seit der Nachkriegszeit der Natur doch noch eine Chance gelassen.

4.3

4.4

4.5

4.6

4.7

4.8

4 Und das Agrarpotential?

Mehr Menschen brauchen mehr Essen. Wenn die traditionellen Landwirtschaftsmethoden verbessert werden, wenn der nutzbare Boden genutzt wird, wenn seine Fruchtbarkeit gesichert ist, wenn die Überschüsse an keinen Grenzen verfaulen und dorthin transportiert werden, wo man sie gerade braucht, wenn, wenn, wenn ... dann kann die Erde noch viel mehr Kinder tragen und ernähren.

Wenn das Klima nicht einen dicken Strich durch die Rechnung macht. Die natürliche Vegetationsdecke und die Böden sind wesentlich von den klimatischen Randbedingungen abhängig. Das Zünglein an der Waage aber bleibt der Mensch. Die kahlen und verkarsteten Flächen des Mittelmeerraumes erinnern uns daran, dass wir noch heute für die Umweltzerstörung während der griechischen bis hin zur nachrömischen Zeit einen sehr hohen Preis zahlen müssen. Und was geschieht trotz dieses Wissens südlich der Sahara und in vielen anderen kritischen Gebieten von Entwicklungsländern? Wo die Regenerationsfähigkeit von Böden begrenzt ist – und das ist leider in den meisten Gebieten der Erde der Fall –, kann ein fehlerhafter Eingriff des Menschen ein langsam über Jahrhunderte aufgebautes Ökosystem in kürzester Zeit irreversibel zerstören. Wind- und Wassererosion beschleunigen und vollenden das traurige Werk.

Doch der Mensch kann auch schützen und aufbauen. Selbst wenn in Gebirgsräumen beispielsweise durch Entwaldung die Hänge destabilisiert wurden, lässt sich der Bodenverlust in einer sorgfältig gepflegten Terrassenlandschaft vermeiden. In der erodierten Landschaft ist der Mensch ein Individuum im Kampf ums Überleben. In der Kulturlandschaft hingegen sind funktionierende soziale, ökonomische und politische Strukturen Voraussetzung.

4.9 und 4.10

Die Kulturlandschaft. Als Beispiel: terrassierte Bebauung in Nepal.

4.11 und 4.12

Die Erosionslandschaft. Ist die Oberfläche ungeschützt heftigen Regenfällen preisgegeben, wird fruchtbares Bodenmaterial in kurzer Zeit abgetragen und weggeschwemmt. Wie hier am Ewaso N'giro nördlich des Mt. Kenya.

4.9

4.11

4.10

4.12

4

Wir müssen uns immer wieder vor Augen halten, dass nur gerade elf Prozent aller Böden uneingeschränkt für die Landwirtschaft nutzbar sind. Der Rest hat klimatische Probleme, oder aber chemische, wie in vielen tropischen und aussertropischen Gebieten. Als Mitteleuropäer leben wir in der Gunstzone.
Aber alle sitzen im selben Boot!

4.13
Hilfe von aussen hilft nur, wenn sie sich in die inneren Strukturen des betroffenen Gebietes fügt. Besserwissen alleine kann auch zerstören.

4.14
Die Bodenbedingungen unserer Erde heute. Gunst und Ungunst richten sich nicht nach Bevölkerungszahlen. Verschieben sich in einer wärmer werdenden Welt die Klimagürtel polwärts,.sind möglicherweise Gebiete mit dem grössten Bevölkerungsdruck am stärksten betroffen. Die Balkendiagramme sprechen für sich. Dort tickt eine Zeitbombe.

4.13

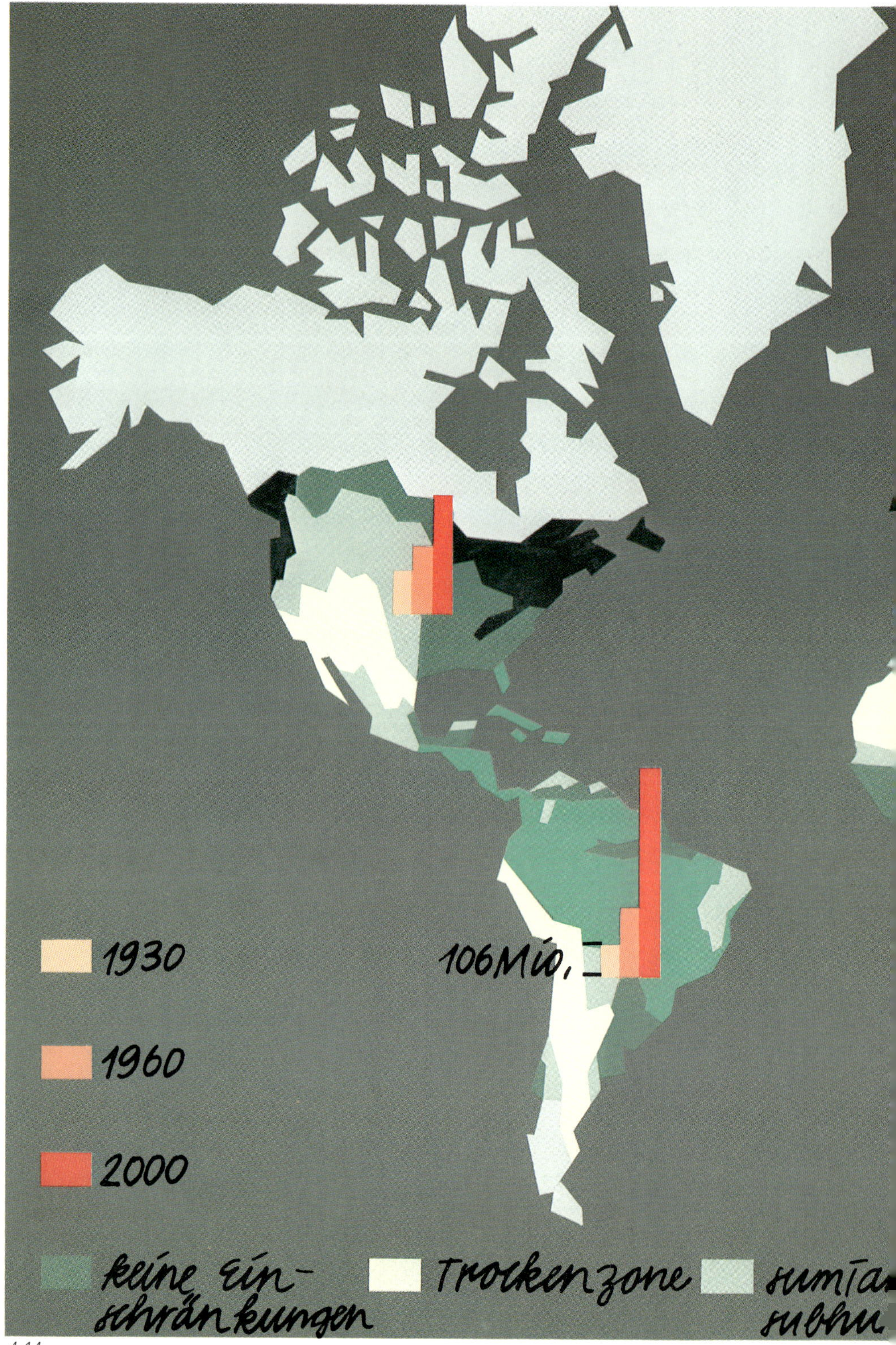

4.14

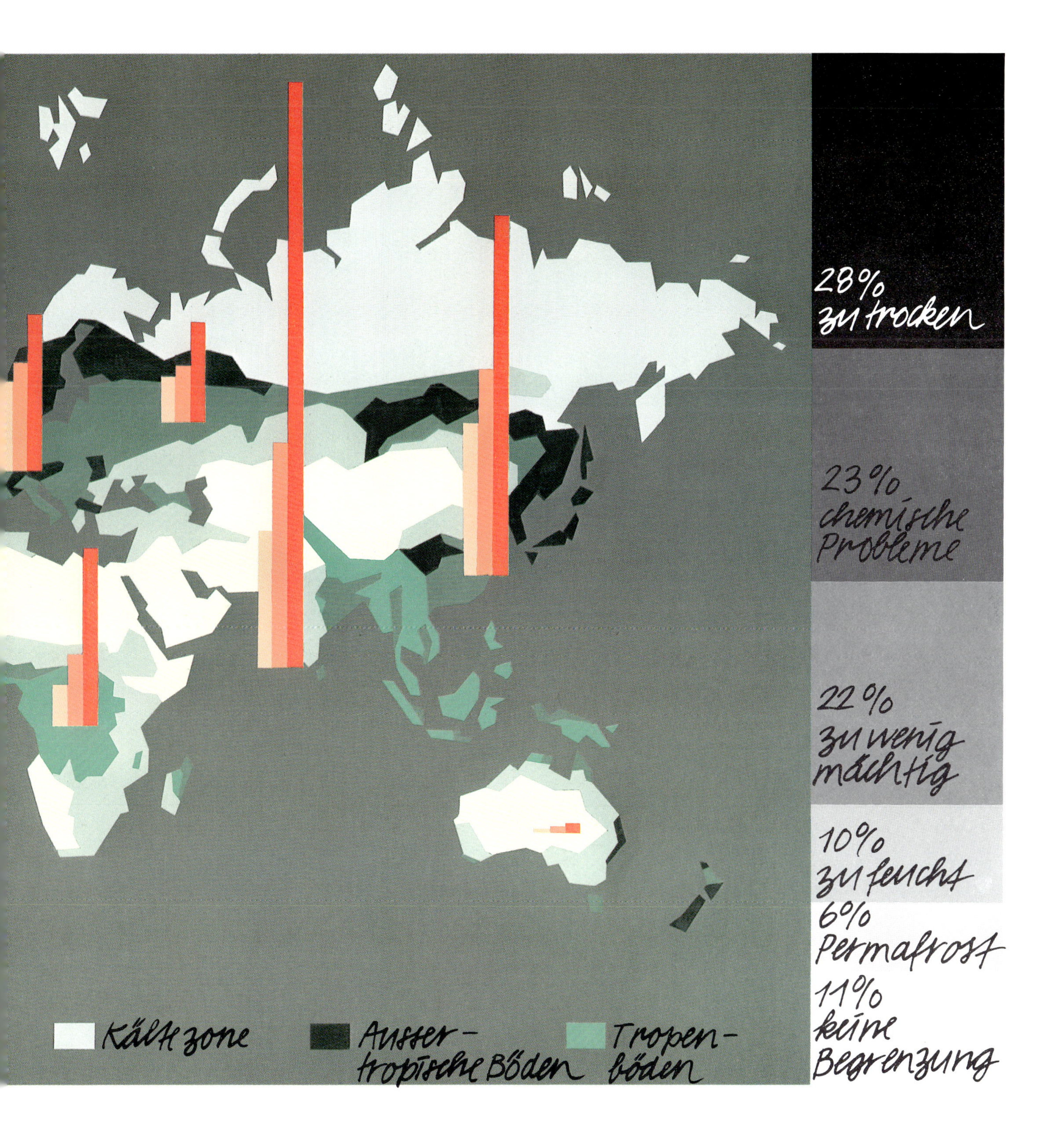

28%
zu trocken
23%
chemische
Probleme
22%
zu wenig
mächtig
10%
zu feucht
6%
Permafrost
11%
keine
Begrenzung
Kältezone
Ausser-
tropische Böden
Tropen-
böden

4

Wie empfindlich ist ein Ökosystem?

Der Wald hat in letzter Zeit viel Aufsehen erregt. Er scheint so etwas wie unser schlechtes Gewissen der Natur gegenüber zu sein. Er deckt schonungslos unser Missverhältnis zu ihr auf und führt uns mit seinem Zustand vor Augen, wie wenig wir von den komplexen Zusammenhängen in natürlichen Systemen verstehen. Das folgende Beispiel soll zum Nachdenken anregen: Eine grosse Anzahl Individuen von Fichte und Tanne desselben Gebietes werden nach ihrem inneren Zustand – und nicht nach dem äusseren Erscheinungsbild – beurteilt. Die Ausbildung der Jahrringe erzählt uns ihre Lebensgeschichte in diesem Jahrhundert. Den Verlauf der Zuwachsreduktionen vergleichen wir mit zwei Umweltparametern: dem Zustand der Luft und dem Angebot an Wasser. Ein Zusammenhang zwischen Wassermangel und Wachstumsreduktion ist erst in den sehr heissen und trockenen vierziger Jahren deutlich sichtbar. Aber während sich die Fichte immer wieder erholt und auch von der rapide zunehmenden Luftverschmutzung weitgehend unbeeindruckt ist, geht es mit der Tanne bergab. Ist sie nach extremen Klimasituationen derart geschwächt, dass sie das Opfer von Krankheiten wird und bei zusätzlichen Belastungen – vergleichbar mit schwächlichen Menschen bei einer Grippewelle – endgültig zusammenbricht? Wir wissen es nicht und beginnen die Zusammenhänge erst zu ahnen. Hier bringt uns nur verstärkte interdisziplinäre Forschung weiter und nicht das wechselweise Brandmarken einzelner Schuldiger.

4.15
Der Verlauf der Luftverschmutzung, gemessen im Eis der Alpen; die Niederschläge in der Wachstumsperiode ausgedrückt als Defizit der langjährigen mittleren Sommerniederschläge, die in diesem Gebiet 450 mm betragen, und die individuelle Entwicklung von zwei Baumarten in diesem Jahrhundert.

4.16
Unsere Wunschvorstellung vom Bergwald – wie hier im österreichischen Stubachtal – und wie er aussehen muss, damit wir uns über ihn Gedanken machen.

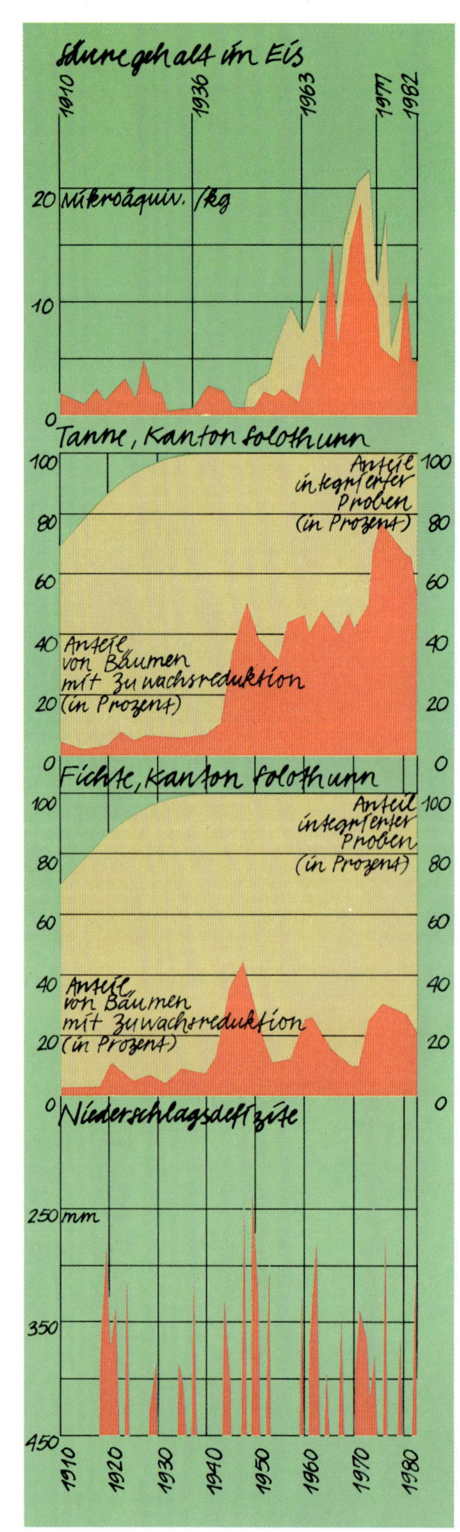

4.15

4.16

4

... und der Mensch?

Mit der systematischen Messung von Luftschadstoffen wird erst begonnen, wenn es buchstäblich zum Himmel stinkt. Was vorher war, müssen wir aus natürlichen Archiven rekonstruieren, um überhaupt abschätzen zu können, wie weit wir bereits das Gleichgewicht gestört haben.

4.17
Der Anstieg von Sulfat und Nitrat in Mitteleuropa. Festgehalten im kalten Eis des 4500 m hohen Monte Rosa.

4.18
Und der Blick von dort auf das Nebelmeer der Poebene mit den Dunstglocken der Industrie.

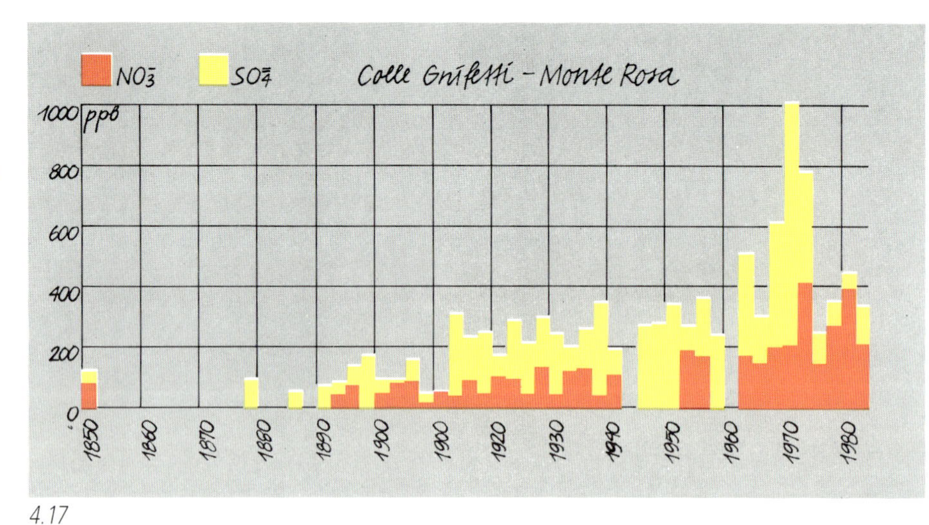

4.17

4.18

Luft, die krank macht

Die vom Menschen produzierte Luft über einer Stadt ist meist ein sehr komplexes Gemisch aus direkt freigesetzten Schadstoffen und anderen, die erst durch photochemische Reaktionen entstehen. Ihre Auswirkung auf den Menschen ist immer wieder Anlass heftig geführter Diskussionen.

4.19
Eine Auswahl dessen, was über einer Industriestadt so alles produziert werden kann und bei zu hohen Konzentrationen Einfluss auf unsere Gesundheit hat. Jedes Ding hat eben zwei Seiten.

Cd: Cadmium. Aus Kehrichtverbrennung und Heizung. Langzeiteinwirkung schädigt die Nieren, schwächt Knochen.
Cl_2: Chlor. Aus der chemischen Industrie. Bildet Salzsäure. Reizt die Schleimhäute.
CO: Kohlenmonoxid. Aus Verkehr, Heizung und Stahlindustrie. Schwächt das Herz.
F^-: Fluorid. Aus Schmelzöfen. Hohe Konzentrationen haben Auswirkungen auf Zähne.
Hg: Quecksilber. Aus Kohle und Ölheizung, Schmelzöfen. Verursacht Zittern und Verhaltensstörungen.
H_2S: Schwefelwasserstoff. Aus Raffinerien, Abwasserreinigung und Papierindustrie. Verursacht Erbrechen, reizt die Augen.
Mn: Mangan. Aus Stahlindustrie und Wärmekraftwerken. Möglicherweise Beitrag zur Parkinsonschen Krankheit.
Pb: Blei. Aus Verkehr und Schmelzöfen. Führt zu Gehirnschäden, hohem Blutdruck.
HNO_3 und H_2SO_4: Salpetersäure und Schwefelsäure. Hauptbestandteil des sauren Regens. Verursachen Atembeschwerden.
NO_2: Stickstoffdioxid. Entsteht aus Stickoxid von Verkehr und Heizung. Produziert Ozon. Verursacht Bronchitis.
O_3: Ozon. Entsteht über Sonnenlicht aus Stickoxiden und Kohlenwasserstoffen. Reizt die Augen, verschlimmert Asthma.

4.19

4

Treibhausgase steigen

Das Kohlendioxid

Etwa neunzig Prozent unserer benötigten Energie produzieren wir durch Verbrennung. Und dabei entsteht als Endprodukt Kohlendioxid oder CO_2. Die fossilen Brennstoffe erschienen uns lange Zeit als Geschenk der Natur. Bereitgestellt einzig für unsere Entwicklung. Das hat uns bequem gemacht. Denn jetzt entpuppt sich der Segen als Danaergeschenk. Wir haben nicht vorgesorgt. Müssen wir nun hilflos zusehen, wie wir den empfindlichen Regelmechanismus des Klimasystems zu unserem eigenen Nachteil stören?

4.20
Der weltweite Verbrauch fossiler Energieträger. Der Trend der Industrieländer ist rückläufig, die Entwicklungsländer – wer wollte es verübeln, gar verbieten? – holen auf.

4.21
Die heute schon klassische Messreihe des Anstiegs von atmosphärischem CO_2 von Mauna Loa auf Hawaii. Ein Ende ist nicht in Sicht.

Die Menschheit ist dabei, ein gewaltiges geophysikalisches Experiment durchzuführen, das in der Vergangenheit unmöglich gewesen wäre und in der Zukunft nicht wiederholt werden kann. Innerhalb weniger Jahrhunderte werden wir den in den Sedimenten während Hunderten von Jahrmillionen gespeicherten organischen Kohlenstoff in Atmosphäre und Ozean zurückführen. Dieses Experiment mag, falls es adäquat dokumentiert wird, tiefe Einsicht in die Prozesse gewähren, die Wetter und Klima bestimmen.

Revelle und Suess, 1957

Man glaubt heute, dass sich als Folge der ansteigenden Konzentrationen der Treibhausgase die mittlere globale Temperatur bis in die Mitte des nächsten Jahrhunderts stärker erhöhen wird als in irgendeiner Periode der menschlichen Geschichte.
Eine gewisse Erwärmung aufgrund der bisherigen Emissionen scheint unvermeidbar, doch können Ausmass und Geschwindigkeit einer zukünftigen Erwärmung wesentlich durch staatspolitische Massnahmen auf dem Gebiet von Energiesparmassnahmen, der Verwendung fossiler Brennstoffe und der Emission einiger Treibhausgase beeinflusst werden.

UNEP, WMO und ICSU, 1985

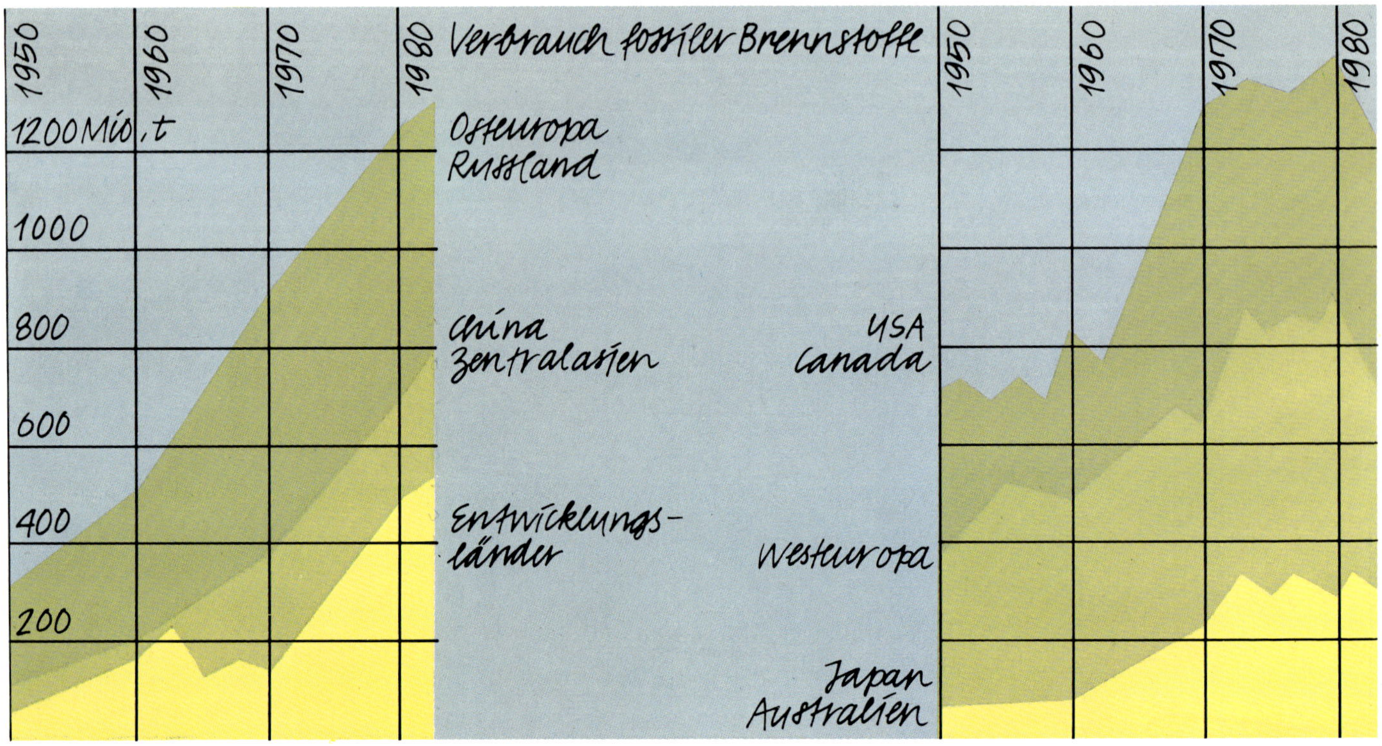

Verbrauch fossiler Brennstoffe
1950
1960
1970
1980
1200 Mio. t
1000
800
600
400
200
Osteuropa
Russland
China
Zentralasien
Entwicklungsländer
USA
Canada
Westeuropa
Japan
Australien

4.20

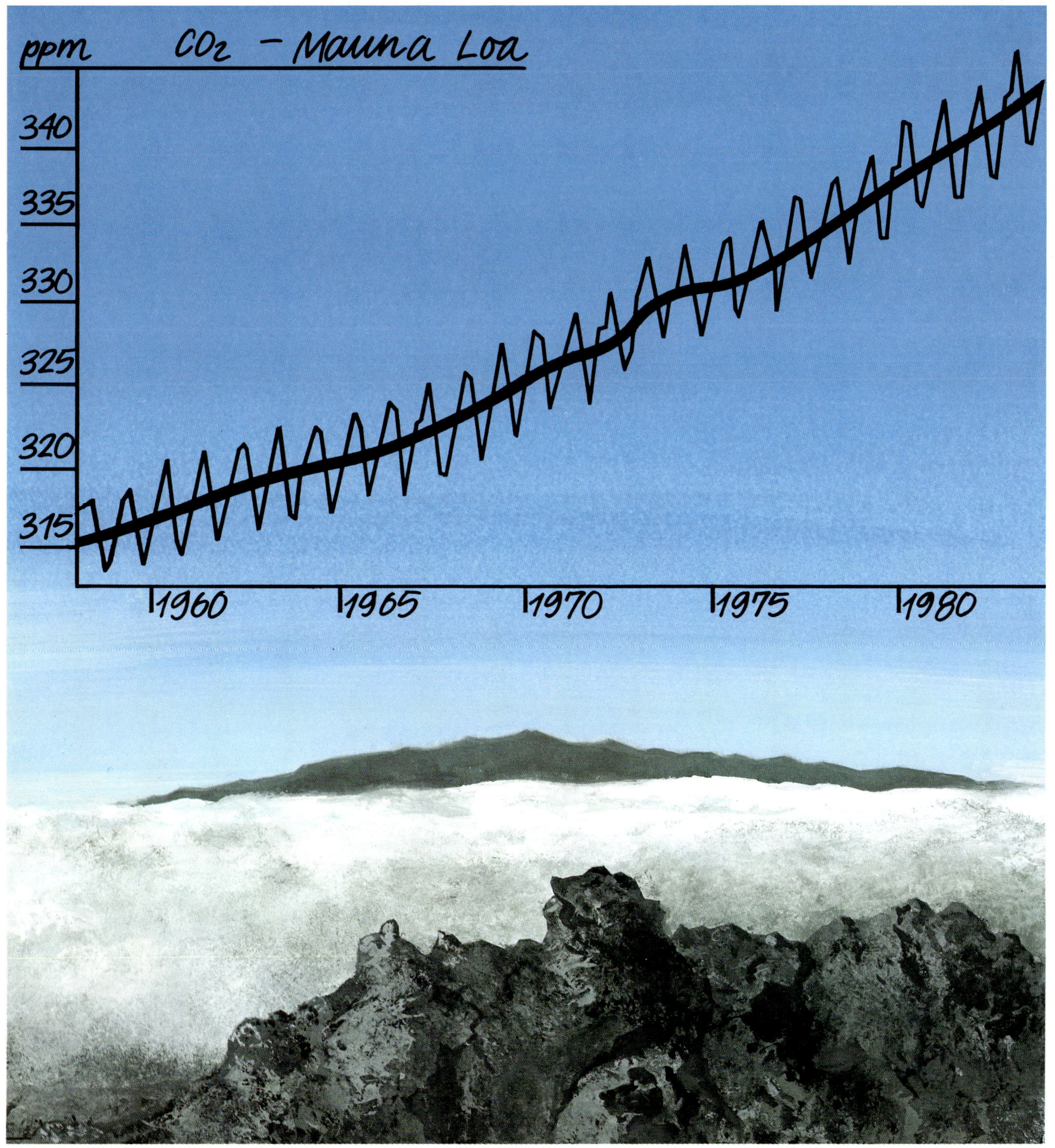
ppm
CO2 - Mauna Loa
340
335
330
325
320
315
1960
1965
1970
1975
1980

4.21

4

Lange Zeit wollte man den direkten Zusammenhang zwischen dem Erdklima und dem Kohlendioxidgehalt der Luft nicht so recht wahrhaben. Eine solche Vogel-Strauss-Politik ist zwar sehr menschlich, führt aber nicht aus der Sackgasse. Die atmosphärischen Messungen seit den fünfziger Jahren konnte man nicht anzweifeln, aber wie sah es früher aus? Hatte der heutige Kohlendioxidanstieg überhaupt etwas mit dem Verbrennen fossiler Energieträger zu tun? Die Antwort gab das Eis. Die Luftblasen im kalten Eis der Polkappen sind ein unbestechliches Archiv für den Zustand der Atmosphäre der Vergangenheit. Zwei Forschergruppen aus Frankreich und der Schweiz überwanden alle experimentellen Schwierigkeiten, und es gelang ihnen, den Kohlendioxidgehalt der Luft in der Vergangenheit zu rekonstruieren. Der heutige Anstieg ist danach eindeutig auf die Tätigkeit des Menschen zurückzuführen. Alarmierend aber ist die Tatsache, dass Klimaschwankungen tatsächlich Hand in Hand mit denjenigen des CO_2 der Luft gehen.

4.22
Das Klima-Archiv Antarktis.

4.23
Links: CO_2 in Luft aus Eis – hellblau – und in der Atmosphäre heute – im dunkelblauen Feld.
Der nahtlose Übergang ist eine Bestätigung der Gültigkeit der Datenbank im Eis. Damit scheint klar, dass die CO_2-Schwankungen im rechten Teil klimatische Signale bedeuten.

4.24
Luft im Eis: Atmosphäre der Vergangenheit.

4.22

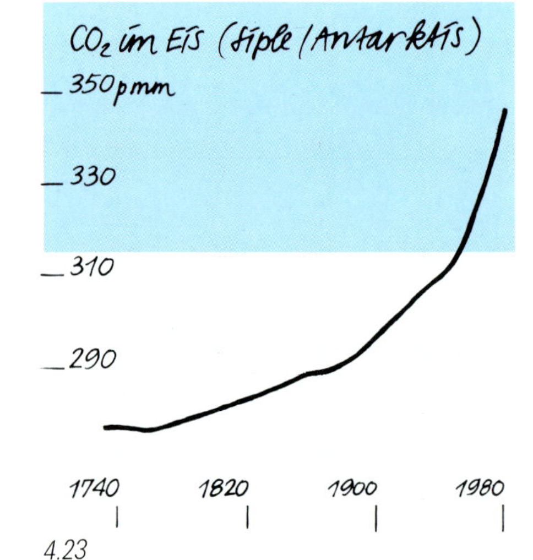

4.23

4.2

4

Das Methan

Als Sumpfgas kennt es jeder. Gasblasen aus Tümpeln, in denen organisches Material zersetzt wird. Es ist auch ein Spurengas der Atmosphäre, das den Treibhauseffekt reguliert. Seine Konzentration ist heute etwa doppelt so hoch wie vor zweihundert Jahren. Der gemeinsame Trend mit der Weltbevölkerung ist nicht zufällig: Der Grund liegt unter anderem in der steigenden Nahrungsmittelproduktion. Reisfelder setzen Sumpfgas frei, und auch die Nutztierhaltung trägt das Ihre dazu bei. Methan entsteht im Pansen von Wiederkäuern.
Neuerdings misst man es auch über Termitenhügeln. Ist das noch natürlicher Untergrund?

4.25
Methananstieg und die Zunahme der Bevölkerung. Grüne und gelbe Balken entsprechen Konzentrationen im Eis. Die direkten Messungen in der Atmosphäre sind grau.
4.26
Bearbeitung eines Reisfeldes in Sri Lanka.

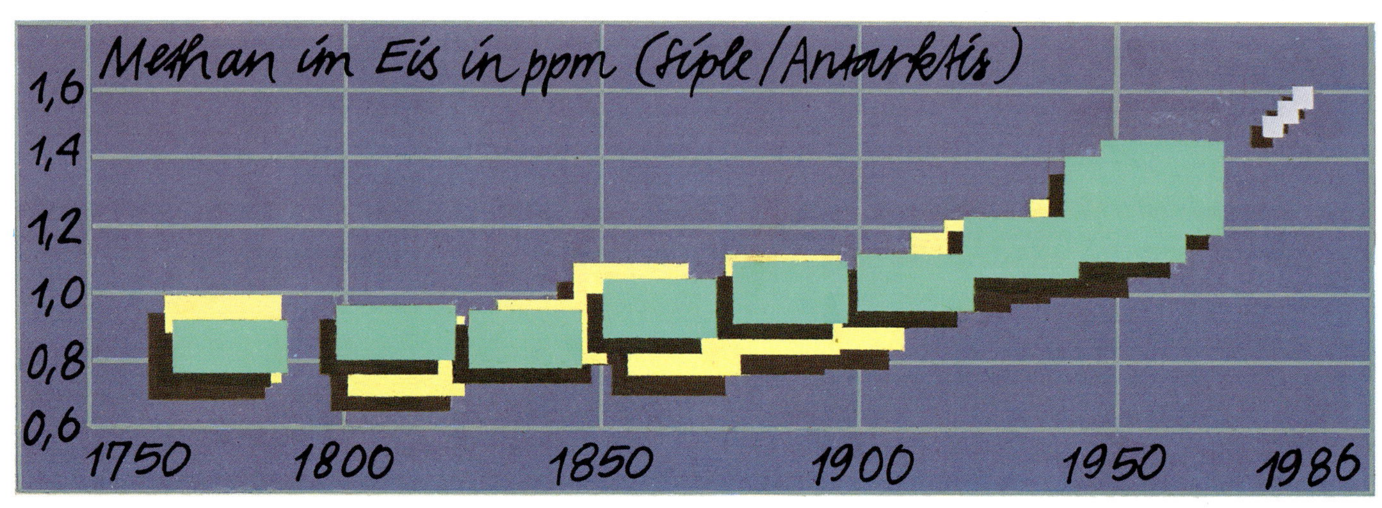

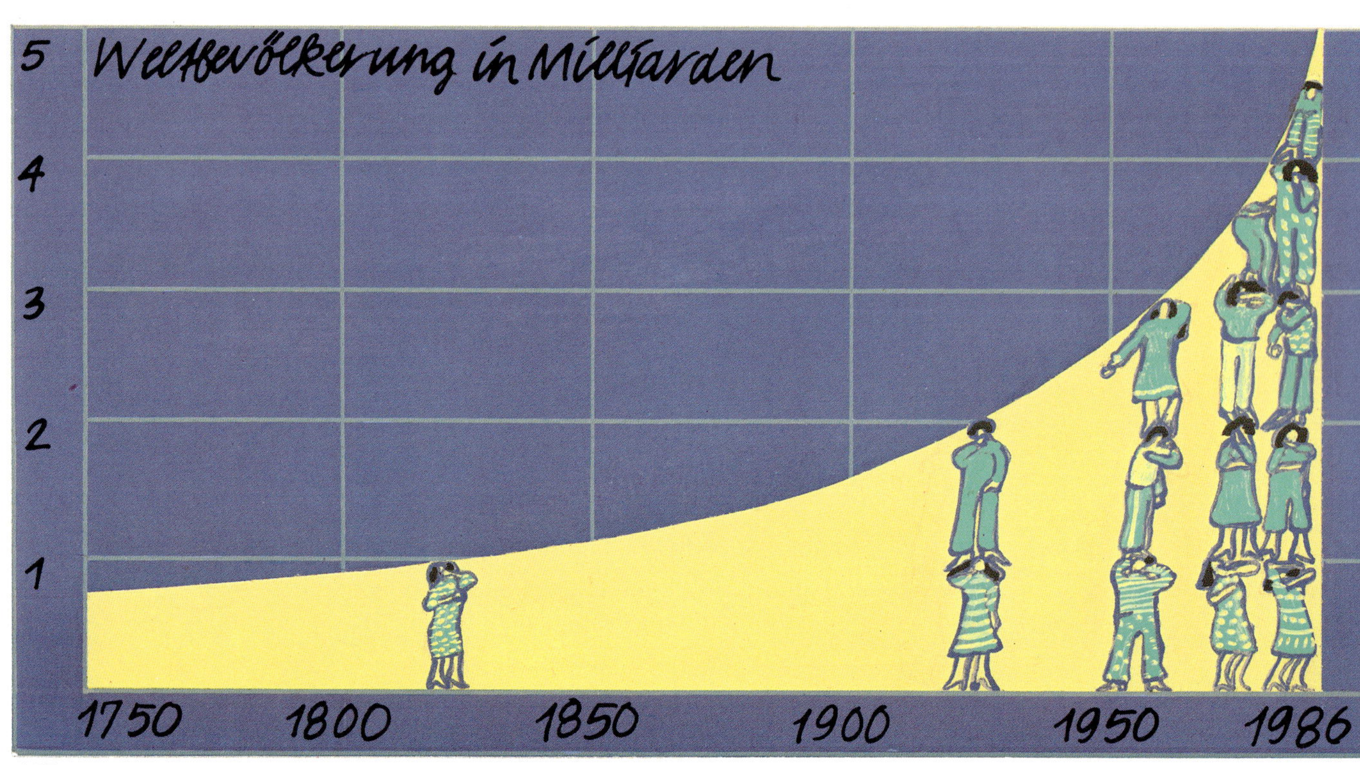

4.25

4.26

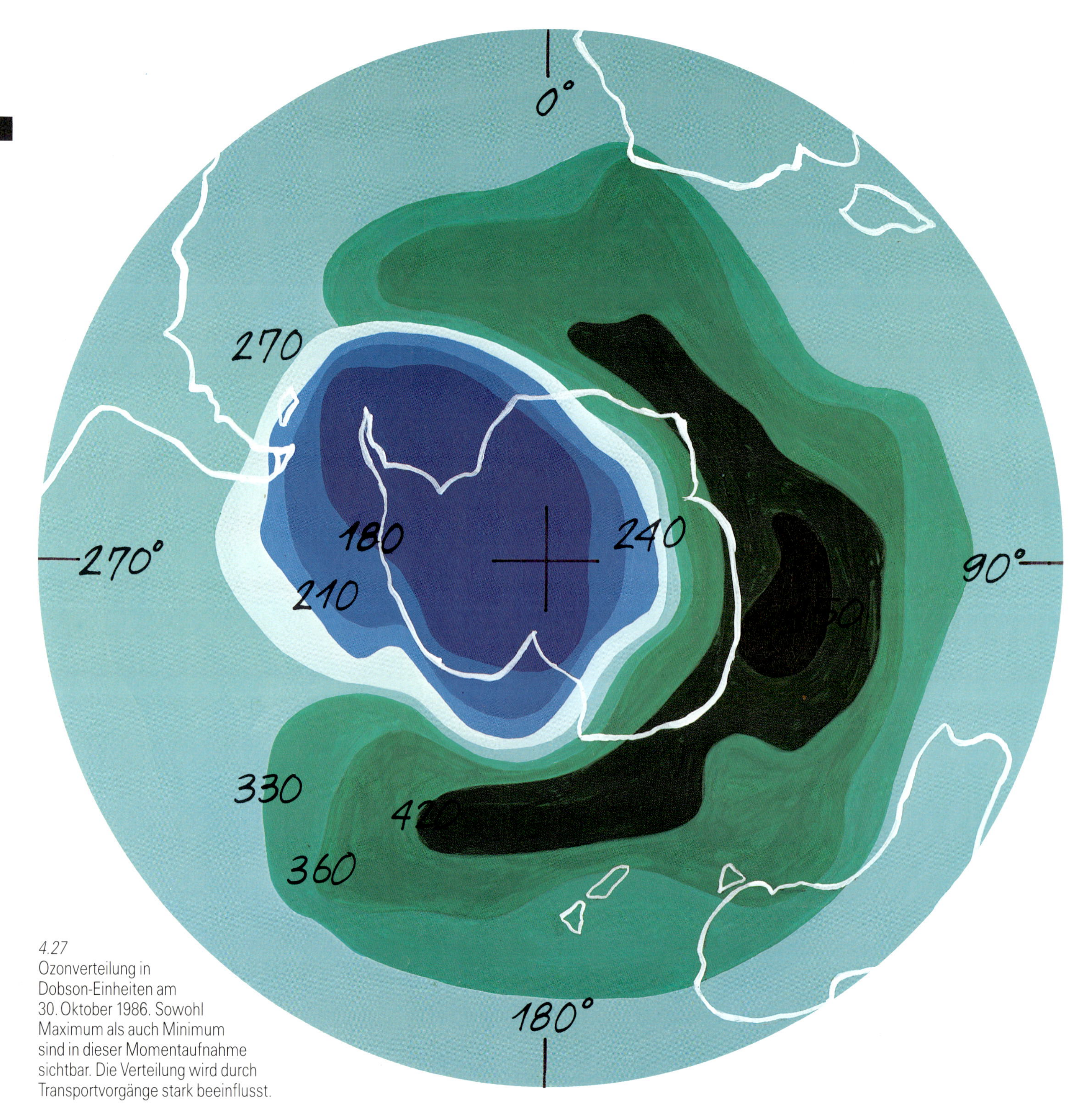

4.27
Ozonverteilung in Dobson-Einheiten am 30. Oktober 1986. Sowohl Maximum als auch Minimum sind in dieser Momentaufnahme sichtbar. Die Verteilung wird durch Transportvorgänge stark beeinflusst.

4.28

4.29

Das Ozon

Die Entdeckung des sogenannten Ozonlochs über der Antarktis im Südfrühling – also während unserer Herbstmonate – hat ein lange bekanntes Umweltproblem wieder aktualisiert. Ohne den dünnen Ozonschleier in der Stratosphäre gibt es keinen Schutz vor der Leben zerstörenden Ultraviolett-Strahlung. Andererseits wirkt das Ozon in der Troposphäre giftig und zählt hier ausserdem zu den Treibhausgasen. Die empfindliche natürliche Balance stört der Mensch in zweifacher Hinsicht: Durch Emissionen aus Industrie, Verkehr und Landwirtschaft wird mit Hilfe des Sonnenlichts immer mehr Ozon in den unteren Luftschichten produziert. Daneben gelangen weitere, hier schwer abbaubare Gase in grosse Höhen und rücken dort – wieder mit Hilfe des Sonnenlichts – dem Ozon zu Leibe. Diese Gase, Chlor-Fluor-Kohlenwasserstoffverbindungen, entweichen Kühlschränken, Klimaanlagen, Isoliermaterialien und vor allem als Treibmittel den Spraydosen. Um sie ist ein eigentlicher Glaubenskrieg entstanden. Wie immer, wenn beträchtliche finanzielle Interessen im Spiel sind. Nach zehnjähriger Diskussion wurde 1983 in Wien die Konvention zum Schutz der Ozonschicht von 20 Ländern unterschrieben. Bis dann Massnahmen gefunden werden, die wirklich greifen, werden weitere Jahre vergehen. Dabei spielt es keine Rolle, ob das Loch über der Antarktis direkt mit den erwähnten Emissionen zusammenhängt oder photochemische Reaktionen und Transportvorgänge den Ablauf der Mechanismen noch verschleiern.
Statt zu handeln, reden wir noch immer.

4.28
Die Schweiz besitzt die längste Ozon-Messreihe der Welt. Während das Ozon in der Stratosphäre abnimmt, steigt es in der Troposphäre an. Beides kann fatale Auswirkungen für uns haben.

4.29
Ozonverteilung über der Antarktis im Oktobermittel. Blau die kleinsten, dunkelgrün die höchsten Konzentrationen.

4.30
Wir leben in einer Zeit zwischen Reden und Handeln. Was einmal Konflikte entschärft, provoziert das andere Mal unvorhersehbare Folgen.

4

4.30

O3
B1BU8

Klimaforschung

5

Die Klimaforschung, im Grenzbereich zwischen exakten und beschreibenden Naturwissenschaften angesiedelt, wird heute mit der Herausforderung einer globalen Klimaänderung konfrontiert, die ihre traditionellen Grenzen sprengt. Ausserdem steht sie unter Zeitdruck. Nach dem, was wir heute wissen, können wir kaum mit einer graduellen Erwärmung rechnen, die uns für eine Anpassung genügend Zeit lässt. Eher mit abrupten Sprüngen und Wechseln, deren Grösse und Dauer schwer vorhersagbar sind. Wenn wir unsere Chance wahrnehmen wollen, dem zu begegnen, muss die Forschung auf nationaler und internationaler Ebene zielgerecht zusammenarbeiten.

5 Klimaforschung in der Schweiz

Die Erforschung von Wetter und Klima hat in der Schweiz Tradition. Die Eiszeittheorie nahm hier, wie könnte es anders sein, mit der Beobachtung von Gletschern ihren Anfang. Ein Ziegenhirt aus Grindelwald und ein Gemsjäger aus Lourtier im Val de Bagnes formulierten zum erstenmal das, was, von Naturforschern aufgegriffen, sehr bald zu heftigen wissenschaftlichen Auseinandersetzungen führte. Louis Agassiz aus Neuchâtel verhalf dann schliesslich der Idee von den Eiszeiten zum internationalen Durchbruch.

Bald nach der Erfindung von Barometer und Thermometer erliess Johann Jakob Scheuchzger um 1697 den Aufruf zur instrumentellen Wetterbeobachtung nach einheitlichen Vorschriften. Die erste Wetterkarte wurde aufgrund von Wetterbeobachtungen in den Alpen gezeichnet. Der von Morse 1843 erfundene elektrische Telegraph erlaubte dann den sofortigen Austausch von Wettermeldungen über die Landesgrenzen hinweg.

5.1
Louis Agassiz, Bahnbrecher für die Theorie der Eiszeiten, führte von 1841 bis 1845 ein Forschungsprogramm auf dem Unteraar-Gletscher durch. Als Unterkunft diente ihm und seinen Gefährten ein riesiger Felsblock auf der Mittelmoräne, das berühmte Hôtel des Neuchâtelois.

5.2
Die Längenänderungen der Gletscher sind Ausdruck von Klimaschwankungen. In der Schweiz werden sie seit langer Zeit systematisch beobachtet und vermessen. Das schwarze Band zwischen Vorstoss und Rückzug bezeichnet den Anteil der Gletscher im momentanen Stillstand.

5.3
Instrumentarium aus der Gründerzeit des ersten, permanent besetzten meteorologischen Hochgebirgs-Observatoriums auf dem Säntis.

5.4
Heinrich Wild – unterste Reihe, zweiter von rechts – Direktor der Berner Sternwarte, war Mitbegründer der Internationalen Meteorologischen Organisation, die heute das Weltklimaprogramm trägt.

5.1

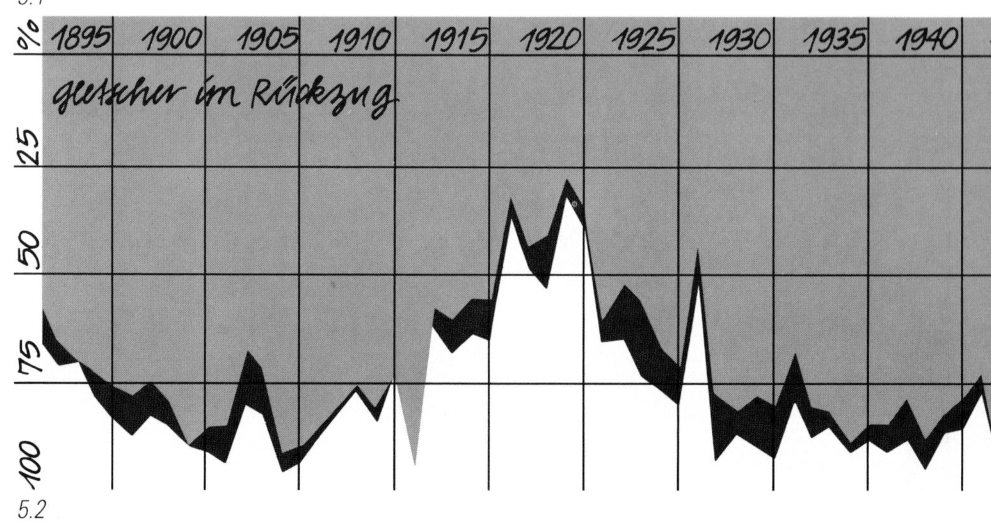

5.2

5.3

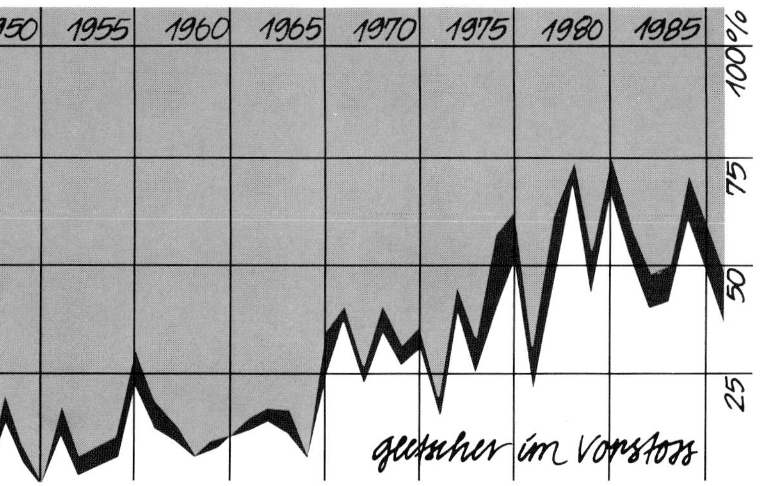
950
1955
1960
1965
1970
1975
1980
1985
100%
75
50
25
gletscher im Vorstoss

5.4

5

Aus dem meteorologischen Büro der Schweizerischen Naturforschenden Gesellschaft, das immer mehr mit dem Bedürfnis nach Wetterprognosen konfrontiert wurde, entstand die Schweizerische Meteorologische Anstalt. Eine ihrer ersten grossen Aufgaben, vom In- und Ausland immer wieder gefordert, war der Bau eines permanent besetzten Berg-Observatoriums auf dem Säntisgipfel.

Neben den weit zurückreichenden, klassischen meteorologischen Daten besitzt die Schweiz darüberhinaus die längsten Messreihen der Welt von heute immer wichtiger werdenden Klimaparametern wie Sonnenstrahlung und Gesamtozon.

Auch in der modernen Klimaforschung werden hier stark beachtete Akzente gesetzt: Die Bohr- und Analysentechnik in der Gletscherforschung erschliesst eine immer mehr ins Rampenlicht rückende Klimadatenbank. Mit der Entwicklung und Perfektionierung der Beschleunigermassenspektroskopie steht ein Instrument zur Verfügung, um an sehr kleinen Probenmengen präzise Altersbestimmungen durchzuführen. Das verfeinert wiederum den Informationsgehalt aus den natürlichen Archiven sehr entscheidend. Vorläufiger Höhepunkt ist die Rekonstruktion der atmosphärischen CO_2-Konzentration der Vergangenheit aus Luftblasen im Eis.

5.5
Hospiz auf dem Grossen St. Bernhard. Von einer kurzen Messtätigkeit am St. Gotthard abgesehen, steht hier die erste meteorologische Bergstation der Schweiz.

5.6
Die Lufttemperatur am Grossen St. Bernhard im fünfjährigen Mittel. Auch hier sehr ausgeprägt die Kältephase vor dem Ende der Kleinen Eiszeit, die zur Auswanderungswelle führte, und die Erwärmung in unserem Jahrhundert.

5.5

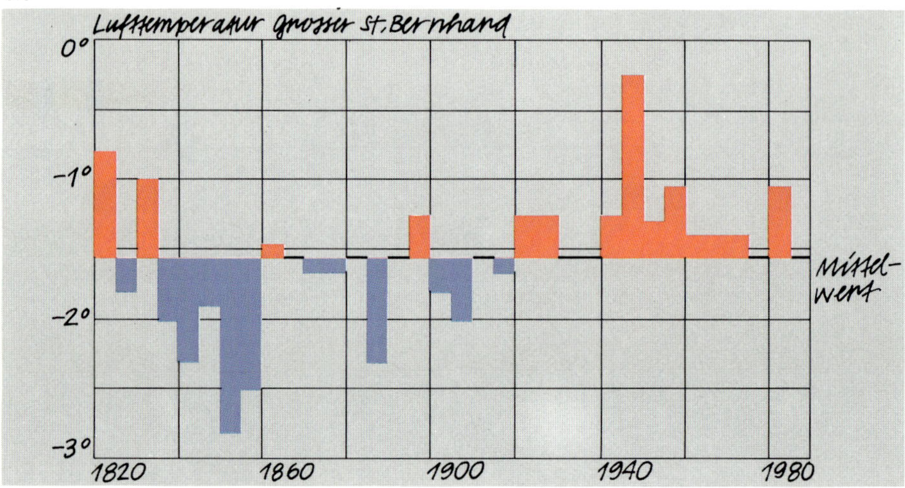

5.6

Der Einfluss des Menschen auf Klima und Umwelt wird zuerst im lokalen oder regionalen Rahmen spürbar. Emissionen von Industrie, Verkehr und Haushalt müssen bei Raum- und Energieplanung berücksichtigt werden, um ihre Wechselwirkung mit den lokalen Gegebenheiten möglichst vor dem Eintreten negativer Folgen abzuschätzen. Im Projekt CLIMOD wurde ein grenzüberschreitendes Gebiet um Basel untersucht. Die Luft macht schliesslich vor Landesgrenzen nicht halt. Modellstudien versuchten nun, im überschaubaren Massstab die komplexen regionalen Strömungen festzuhalten. Man liess Luft, durch Rauch sichtbar gemacht, über ein Relief fliessen, in das Störungsquellen wie Städte und Industriezentren eingebaut wurden.

5.7
Kaltluft überfließt den Jura bei Aarau. Blick in Richtung Westen.

5.8
Modellierung von Prozessen in der planetaren Grenzschicht, dem untersten Teil der Atmosphäre, in dem wir leben, und wo wir in das natürliche Geschehen eingreifen.

5.7

5.8

5

Warum schluckt der Ozean nicht mehr CO_2? Das, was wir verbrennen, ist, verglichen mit den riesigen Reservoirs und dem natürlichen Austausch zwischen ihnen, lächerlich wenig. Trotzdem steigt das atmosphärische CO_2 an. Warum? Chemie und Biologie des Oberflächenwassers begrenzen die Aufnahme, und ausserdem wird das aufgenommene CO_2 nicht rasch genug in die Tiefsee transportiert. Damit ist die Ozeanzirkulation ein wichtiger, das Klima bestimmender Faktor. Mit modernen chemischen und physikalischen Methoden ist man auch in der Schweiz dem komplizierten Transportmechanismus auf der Spur. Eine Antwort erhofft man sich aus der Altersdifferenz von Kalkschalen winziger Lebewesen, die entweder an der Oberfläche oder auf dem Meeresgrund leben. Das Alter dieser Schalen entspricht demjenigen des sie umgebenden Wassers. Im Sediment findet man sie wieder und kann so die Geschichte der Altersverteilung des Ozeanwassers studieren. So hat man vielleicht Hinweise auf die Dynamik des Ozeans.

5.9 und 5.10
Eine grosse Maschine misst das Alter sehr kleiner Lebewesen.

5.11
Der Kohlenstoffaustausch zwischen den wichtigsten Reservoirs. Die Zahlenangaben sind in Gigatonnen.

5.12 und 5.13
Die Altersdifferenz der Kalkschalen von Lebewesen an der Oberfläche und in der Tiefe des Ozeans und dessen Altersdifferenz Oberfläche – 3 km Tiefe heute.

5.9

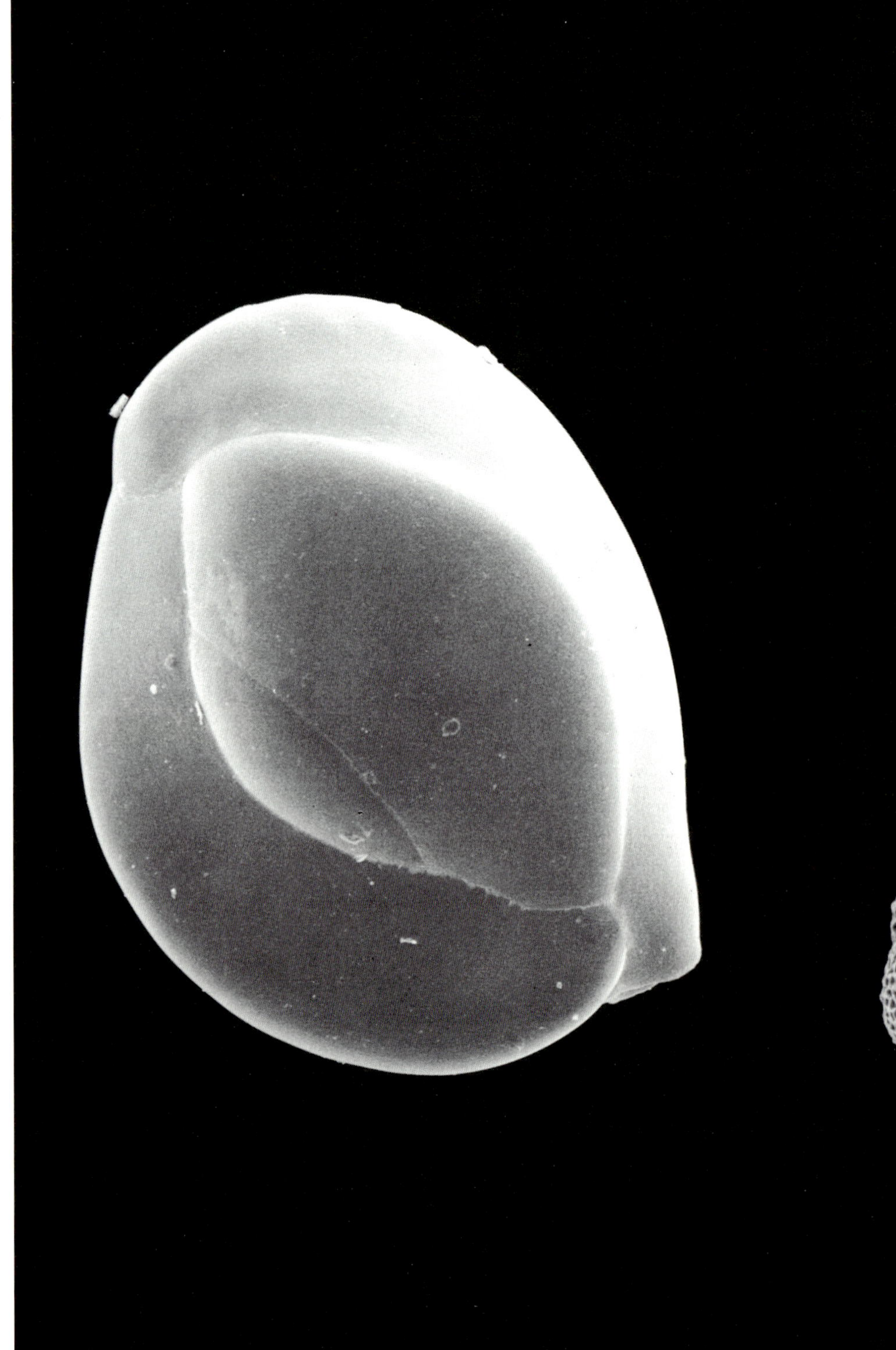

5.10

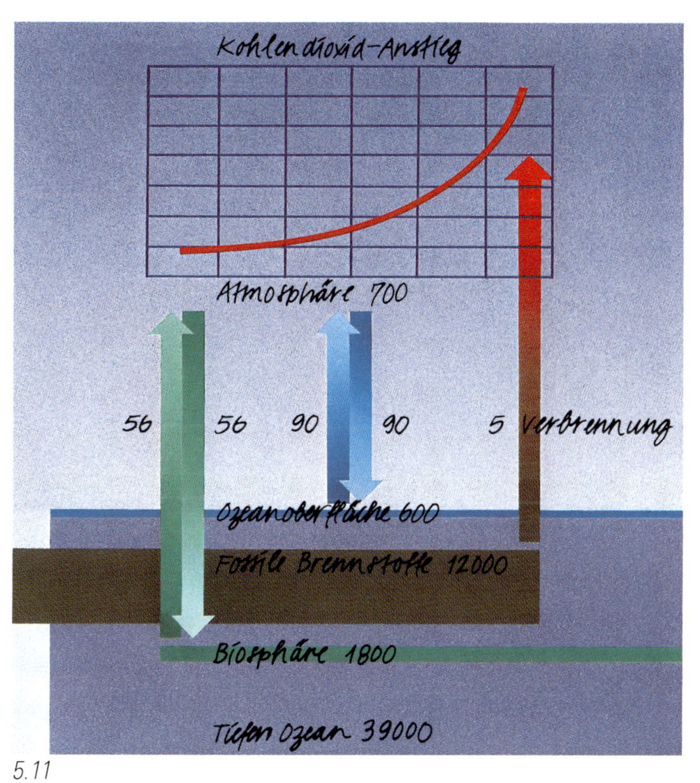

Kohlendioxid-Anstieg
Atmosphäre 700
56
56
90
90
5 Verbrennung
Ozeanoberfläche 600
Fossile Brennstoffe 12000
Biosphäre 1800
Tiefen Ozean 39000

5.11

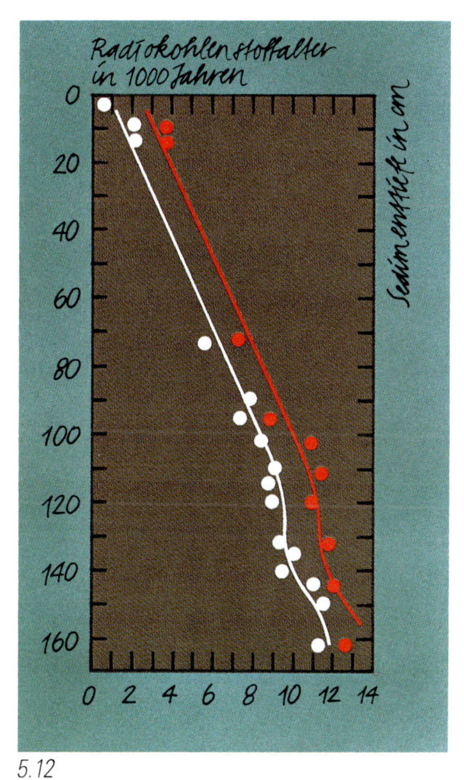

Radiokohlenstoffalter in 1000 Jahren
0
20
40
60
80
100
120
140
160
0 2 4 6 8 10 12 14
Sedimenttiefe in cm

5.12

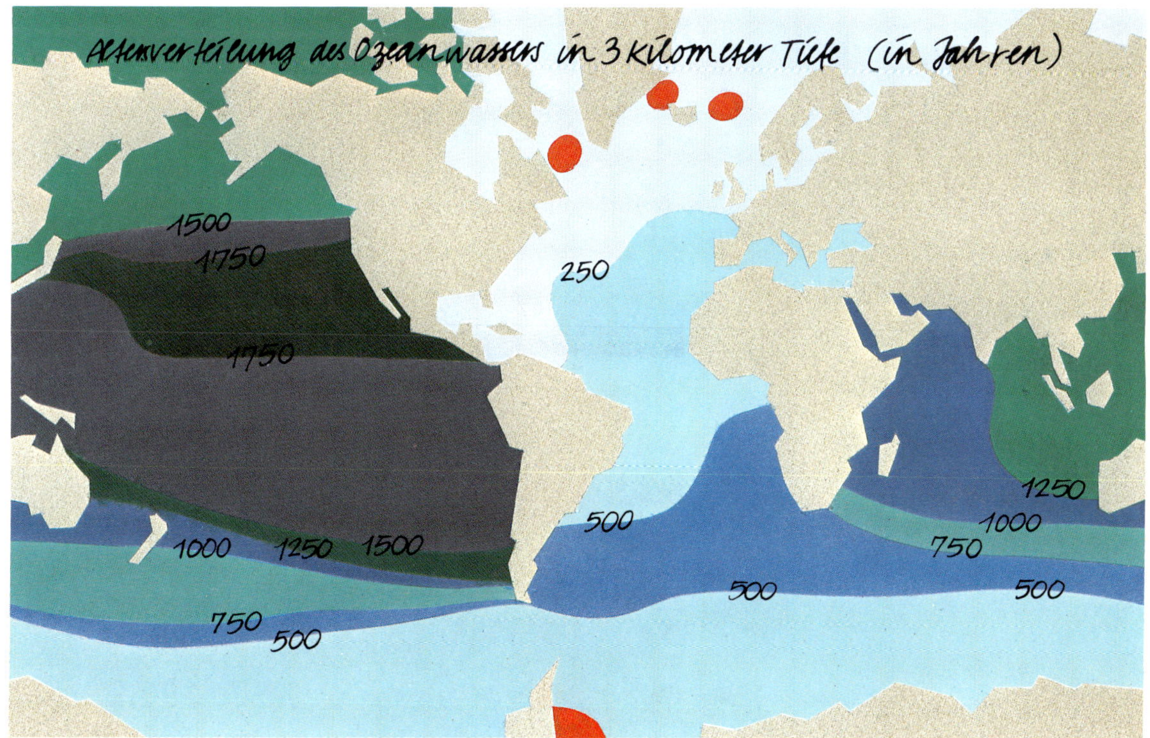

Altersverteilung des Ozeanwassers in 3 Kilometer Tiefe (in Jahren)
1500
1750
250
1750
500
1000
1250
1500
750
500
500
500
1250
1000
750

5.13

5

5.14
METEOSAT:
Aus 36000 km Entfernung liefert dieser Satellit alle 30 Minuten Informationen über Temperatur und Feuchtigkeit der höheren Troposphäre – blau –, über Wolkenverteilung – gelb – und die Temperaturverhältnisse von Erde, Ozean und Wolkenoberfläche – rot.

5.15

Die Welt aus dem All

Zum Verständnis der Vorgänge in der Atmosphäre und des Klimasystems ganz allgemein genügen heute punktuelle Datensätze nicht mehr. Wir sind auf flächendeckende Beobachtungen angewiesen, denn nur so kann überprüft werden, ob Klimamodelle auch Resultate liefern, die einigermassen der Wirklichkeit nahekommen.
Der Sprung auf den Mond, von vielen als höchst überflüssig angesehen, hat uns den Blick auf die Erde ermöglicht. Sie wird heute weltweit durch ein ausgeklügeltes Messnetz beobachtet, das die Daten nach möglichst einheitlichen Kriterien erfasst. Wettersatelliten sind nicht mehr wegzudenkende Hilfsmittel. Ihre besondere Bedeutung liegt auch darin, dass sie nicht nur selber Daten sammeln, sondern auch mit anderen Messplattformen – Schiffen, Bojen oder Landstationen – kommunizieren und deren Daten an Wetterzentren weiterleiten.

5.15
Um die Vorgänge im Klimasystem zu erfassen, stehen weltweit vernetzte Messysteme im Einsatz.

5.16
Verschiebung von Wolkenfronten innerhalb von drei Stunden über Mitteleuropa. So lassen sich grossräumige Transportvorgänge beobachten.

5.17
Die Oberflächentemperatur des Atlantiks, wie sie vom Satelliten aus erfasst wird.

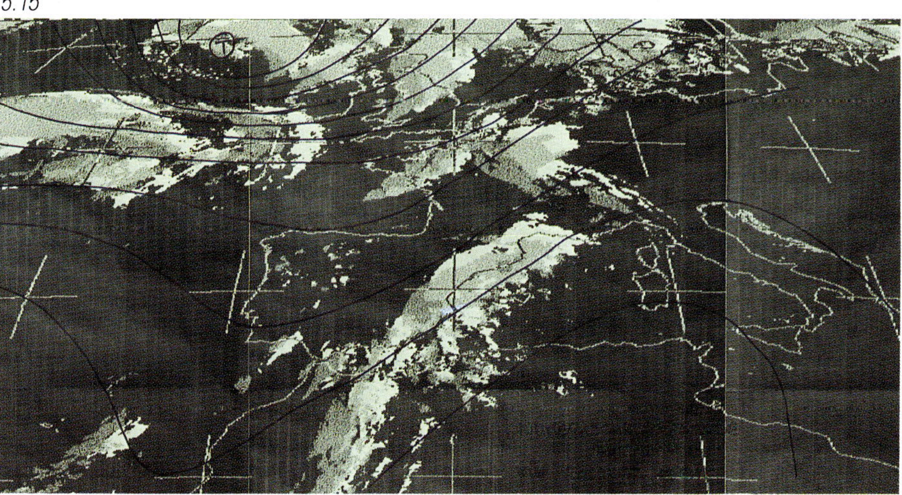

5.16

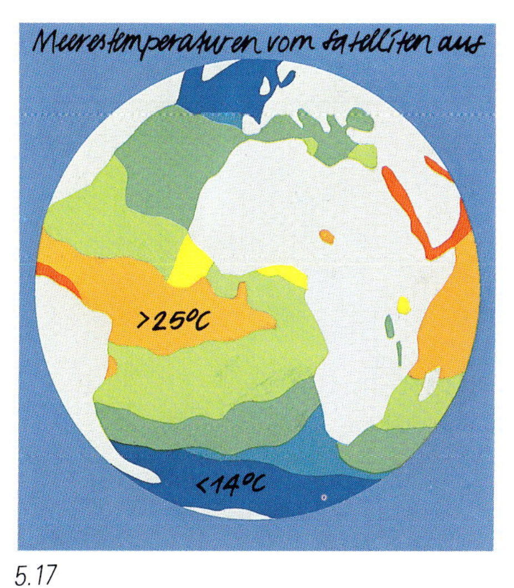

5.17

5 Ein Weinberg zwischen Gletschern...

Was hat das miteinander zu tun? Wir beobachten die Welt aus dem All. Wir setzen die schnellsten Rechner zur Auswertung der Datenflut ein, um das Ergebnis möglichst umgehend in der Hand zu haben. Aber unser Wissen um das Klimasystem bliebe an der Oberfläche, hätten wir nicht die Möglichkeit, einen Blick in die Tiefe der Vergangenheit zu tun. Wie könnten wir sonst entscheiden, ob unsere Beobachtungen Zufall oder ein erklärbarer Ablauf ist, der lange vor unseren heutigen technischen Möglichkeiten in Bewegung geraten ist?

Die grossräumige Verfrachtung von Staub lässt sich seit einigen Jahren eindrücklich über Satelliten verfolgen. Ihre zeitliche Abfolge in der Vergangenheit ist gleichsam in natürlichen Archiven wie fossilen Böden oder Gletschern gespeichert. Staub aus der Sahara erreicht häufig die Alpen. Seine Ablagerungen im kalten Gletschereis sind verschlüsselte Informationen

5.18

5.19

über Grosswetterlagen in der Vergangenheit. Sehr mächtige Staubablagerungen nennt man Löss. Die Lösszonen der Erde liegen in Randgebieten von Wüsten oder von Gegenden, die während der Eiszeit stark vergletschert waren. Der Wind trug damals den Staub von Moränen und Schmelzwassersedimenten ins Vorland und lagerte ihn dort ab. In China kann der Löss aus den innerasiatischen Wüsten mehrere hundert Meter Mächtigkeit erreichen und eine ursprünglich unruhige Landschaft zu sanften Hügeln und Mulden formen. Er gilt als idealer Boden für die Landwirtschaft.

5.18
Eisschichten mit Staubablagerungen auf 5500 m Höhe im russischen Teil des Pamir. Sie stammen aus den innerasiatischen Wüsten.

5.19
Ein Weinberg in Niederösterreich auf sanften Lösshügeln. In der Tschechoslowakei kann man an Aufschlüssen einer Ziegelei 130 000 Jahre Klimageschichte studieren.

5.20
Saharastaub am Grenzgletscher im Wallis.

5.20

5 Das Weltklimaprogramm

Es wurde 1979 gegründet, soll die internationale Forschung gezielt koordinieren und nationale Programme anregen. Ziel seiner drei Schwerpunkte ist die Vorhersagbarkeit von Wetter und Klima von einem Monat bis zu Dekaden.

Langfristige Wettervorhersage

Die Entwicklung der atmosphärischen Zirkulation ist sehr instabil. Längere Voraussagen als 2 Wochen sind nicht möglich. Allerdings gibt es relativ stabile Zustände als Folge besonderer Randbedingungen. Über statistische Aussagen hofft man, den Zeitraum so erweitern zu können. Für Landwirtschaftsgebiete mit kritischen Niederschlagsverhältnissen eine ersehnte Hilfe.

5.21
Symbol für den ersten Schwerpunkt der langfristigen Wettervorhersage. Über die Erforschung der Wechselwirkung Atmosphäre – Ozean ist die Verbindung zu den beiden anderen Schwerpunkten gegeben.

5.22 und 5.23
Palme im Monsunregen. Die bestellten Felder erhalten das ersehnte Nass. Bessere Voraussagbarkeit von Beginn und Verteilung des Niederschlags wäre ein Segen, wenn man sieht, wie stark der Landanteil mit zuviel – und vor allem zuwenig – Regen in Indien schwankt.

5.22

5.21

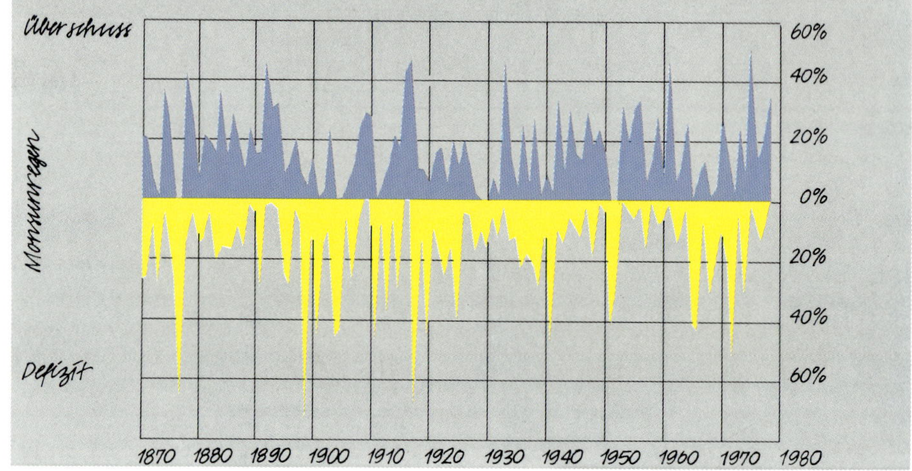

5.23

Saisonale Vorhersagen

Die ursächliche Verknüpfung von Ozeanzirkulation mit der Änderung des mittleren Wetters von Jahr zu Jahr wird nach den zum Teil katastrophalen Auswirkungen des El Niño von 1982–1983 immer besser verstanden. Möglicherweise hat das Zusammenspiel tropischer Ozean – globale Atmosphäre eine Schlüsselfunktion. Hier liegt auch der Schwerpunkt der Forschung, bei der wiederum Modelle eine bessere Vorhersage gewährleisten sollen. Auf den ersten Blick mag dies für unsere Gegend nicht so wichtig erscheinen. Wenn man aber überlegt, was allein verspätetes Eintreffen oder gar Ausbleiben der winterlichen Schneefälle für die Alpenregion bedeutet, wird man sich der Bedeutung solcher Zusammenhänge auch für uns schnell bewusst.

5.24
Symbol für den zweiten Schwerpunkt. Die Interaktion tropischer Ozean – Atmosphäre steht im Mittelpunkt. Die Verbindung zum dritten Schwerpunkt ist der Einfluss der globalen Eisbedeckung auf die Ozeanzirkulation und damit auf die Atmosphäre.

5.25 und 5.26
Der Zauber vom Pulverschnee, der Traum vieler Mitteleuropäer von weissen Weihnachten. Können wir uns in Zukunft nach dem Kalender richten? Wenn man die zeitliche Verteilung der winterlichen Schneedecke betrachtet, scheinen Verschiebungen gar nicht so ausgeschlossen.

5.25

5.24

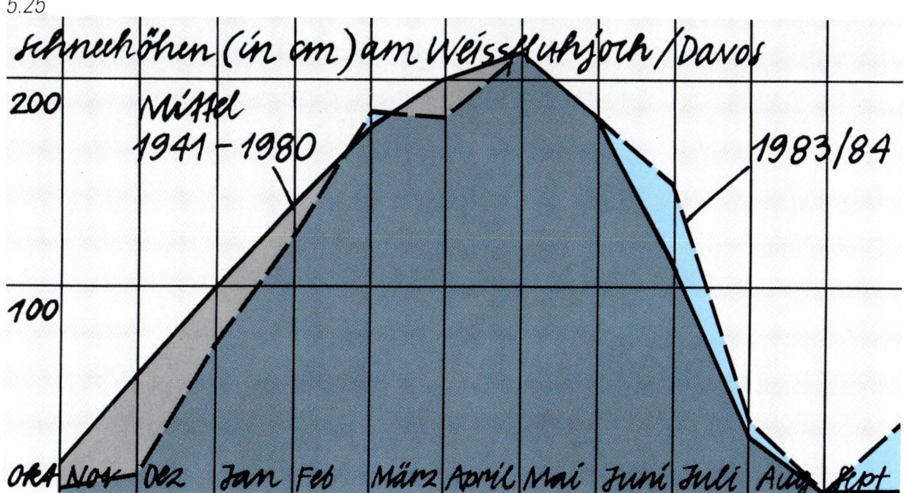

5.26

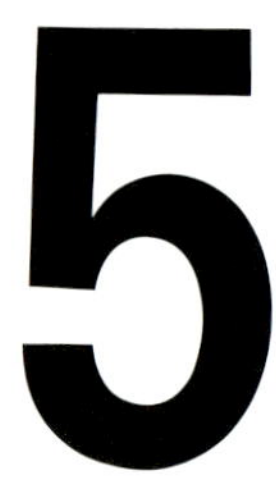

Die Reaktion des Klimas auf Störungen

Wieder spielt hier der Ozean eine entscheidende Rolle. Wie empfindlich das Klima auf die Störung von aussen reagieren wird, lässt sich ohne vertiefte Kenntnis der Antwort des Ozeans auf Veränderungen gar nicht voraussagen. Nur ein besseres Verständnis der Ozeanzirkulation, der Rolle der Meereisausdehnung und der Wolkenverteilung führt zu einem realistischen Ozean-Atmosphäre-Modell, das zudem den Ozean als kontinuierlich bewegtes Medium erfasst. Nur so haben wir eine Chance, die Verschiebungen von Klimazonen abzuschätzen. Wo wird es trockener, und wo steht uns in Zukunft das Wasser bis zum Hals?

5.27
Der dritte Schwerpunkt: Die weltweite Ozeanzirkulation und die Meereisbedeckung stehen hier im Mittelpunkt.

5.28 und 5.30
Vormarsch der Wüste oder grossflächige Überschwemmungen: *Wen* wird es *wo* und *wann* treffen?

5.29
Normalisierte Abweichungen der Niederschläge im Sahel und El Niño. Sein Auftreten und seine Stärke sind durch Pfeile markiert. Ein Zusammenhang scheint offensichtlich. Für Lebensnotwendige Anpassungsstrategien wird es immer dringender, Dürreperioden, wie die der beiden letzten Dekaden, voraussagen zu können.

5.28

5.27

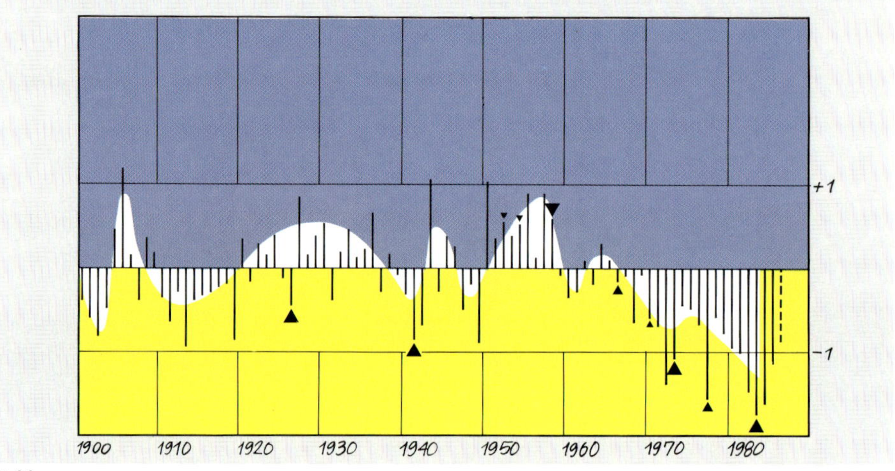

5.29

5.30

5 Die Gründe für ein Klimaprogramm Schweiz

Seit 1983 bemüht sich die CCA, die Kommission für Klima- und Atmosphärenforschung, ein langfristiges Forschungsprogramm zu erarbeiten, das von allen Beteiligten aus Überzeugung getragen wird. Was für den Aussenstehenden sehr selbstverständlich klingt, ist in Wirklichkeit ein komplexer Entwicklungsprozess, der nicht einfach per Dekret in Gang gesetzt werden kann. Die Forschung an den Universitäten und staatlichen Hochschulen ist wie beinahe überall auf der Welt frei, und die einzelnen Fachrichtungen, die sich ganz oder auch nur am Rande mit dem Klima beschäftigen, haben sich sehr individuell entwickelt. Das Denken spielt sich, wie das Klima, auf verschiedenen räumlichen und zeitlichen Ebenen ab. Und die müssen erst mit interdisziplinärem Arbeiten durchwurzelt werden. Die zum Teil völlig neue Grundlagenforschung ist obendrein gezwungen, vor dem Hintergrund *«Was müssen wir wie schnell wissen?»* verwertbare Ergebnisse zu erarbeiten.
Die Gründe für ein Klimaprogramm Schweiz sollten eigentlich spätestens nach den jüngsten Überschwemmungen im eigenen Land jedem einsichtig sein. In den letzten Jahren werden Berichte über dramatische Klimaereignisse in allen Teilen der Welt immer zahlreicher. Es stellt sich die Frage, ob diese Zunahme mit der erwarteten Klimaänderung in direktem Zusammenhang steht. Wie sieht die Entwicklung in der Zukunft aus? Eine Häufung von Extremwettern führt ganz sicher zu Anpassungsschwierigkeiten in Bereichen, die direkt vom Klima abhängig sind, also bei Tourismus, Land- und Energiewirtschaft, aber indirekt auch bei Industrie, Aussen- und Sozialpolitik. Prognosen und Szenarien werden besonders für die Schweiz schwierig sein, da sie durch die Höhenstufung klimatisch sehr kleinräumig und vielfältig gegliedert ist.

5.31
Ein wolkenloser Tag. Die Alpen und weite Teile des Jura sind tiefverschneit. Alle Liftanlagen in Betrieb. Auf den Loipen ausgezeichnete Verhältnisse. Wie sieht es in Zukunft aus?

Energie:

Steigende Temperaturen verringern den Energieaufwand für Heizung. Und die Kühlung im Sommer? Wie werden die Gletscher auf sich ändernde Niederschlagsverteilungen bei steigenden Temperaturen reagieren?

Landwirtschaft:

Was wird wo produziert werden? Wird das Mittelland trockener und damit für Getreide günstiger? Milch- und Fleischproduktion ausschliesslich in Berggebieten? Im Moment fehlen die Grundlagen auch für ansatzweise Prognosen. Es besteht noch kein Anlass ...

Tourismus:

Das Ferienland Schweiz ist ein wichtiger Teil der Volkswirtschaft. Man wird sich rechtzeitig Gedanken machen müssen, wie man vielleicht weniger Schnee im Winter und weniger Gletscher im Sommer verkaufen wird. Überhaupt: Skifahren nur mehr über 2000 m Höhe ist technisch sicher machbar. Aber was sagt die Natur dazu?

Handel, Aussenpolitik:

Welche Rolle will und wird die Schweiz in einer sich ändernden Welt spielen? Mit unserem Technologievorsprung werden wir auf jeden Fall zu den Gewinnern zählen. Profitieren von der Not der anderen oder mit den Schwachen zusammenarbeiten, um geeignete Anpassungsstrukturen zu entwickeln?

Sozioökonomie:

Extreme Witterungsverhältnisse verschlechtern die Lage von touristisch oder wirtschaftlich benachteiligten Gebieten. Werden Teile des Tessins, Graubündens, des Juras... zu staatlich am Leben gehaltenen Armenhäusern?

Forschung:

Sie steht zuletzt und muss zuerst kommen. Sie liefert die Grundlage für Prognosen und Szenarien, die dann zu wirtschaftlichen und politischen Entscheidungen führen sollen. Aber die Forschung braucht ausser Geld vor allem Vertrauen und Unterstützung der Öffentlichkeit: Dann ist sie ihre Eintrittskarte für die Zukunft.

5.31

Zum Beispiel: Klima und Gesundheit

Wenn es um Gesundheit geht, wird fast jeder bei uns hellwach. Was schadet mir, was verkürzt mein Leben? Wie kann ich mich dagegen versichern? Auch Klima hat etwas mit Gesundheit zu tun. Vor allem in Verbindung mit der von uns produzierten Umweltbelastung. Nur sollten wir nicht vergessen: Wenn es bei uns um Kopfschmerzen oder Bronchitis geht, geht es anderswo möglicherweise ums Überleben. Und der Schweizer besitzt eine der höchsten Lebenserwartungen überhaupt.

5.32
Der Nebel im Mittelland. Wie entsteht er, wann vergeht er? Jeder weiss, wie das Grau in Grau auf die Dauer aufs Gemüt schlägt. Ausserdem konzentrieren sich unter dieser Decke Luftschadstoffe. Ein Asthma-Anfall wird so plötzlich zum Todesfall.

5.33
Unter Wetterfühligkeit leiden viele Menschen. Belastend wirken meist Änderungen von kühlem, trockenem Wetter zu schwülen, windschwachen Lagen. Ein bei uns oft erlebter Wetterablauf kann sich so auswirken: In Phase 1 und 2 herrscht neutrales Schönwetter. Ausnahmen sind winterlicher Nebel oder sommerliche Schwüle. Der Wetterumschlag in 3 und 4, oft mit Föhn verbunden, wirkt erschlaffend und belastend. In 5 und 6z ist der Umschlag vollzogen, man spürt gesteigerte Risikofreudigkeit. Die Wetterberuhigung und der Übergang zu Hochdruck bringt gutes Befinden.

5.34
Sommerliche Hochdrucklagen haben aber durchaus auch ihre Schattenseiten. Intensive Besonnung in abgaserfüllte Luft produziert bodennahes Ozon, das hier giftig wirkt und von Jahr zu Jahr zunimmt. Das Bild an einem schönen Julimorgen zeigt die dunsterfüllte Luft über dem Becken von Grindelwald.

5.35
Die Forschung bemüht sich seit Jahren, die Zirkulationsverhältnisse im lokalen und regionalen Bereich besser zu verstehen. Modellstudien, wie hier im Bild, wo die Nebelbildung im Raum Moudon simuliert wird, werden in Zukunft wichtig für die Anpassung an verändernde Umweltbedingungen sein.

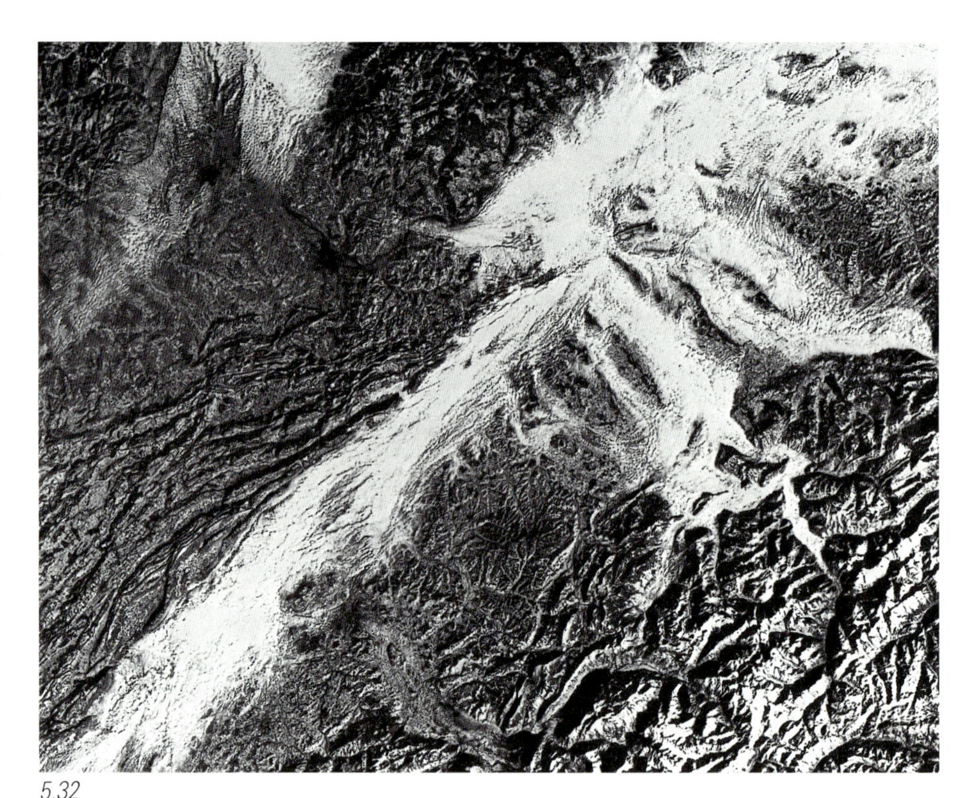

5.32

0 Kilometer | 1000 | 2000 | 3000

T

H

H

6 6z 6 5 4 4 3 2 1 6 5 4

aktivierende Wirkung

Sommer

erschlaffende Wirkung

Sommer

5.33

5.34

5.35

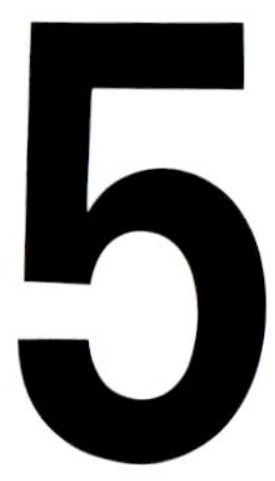

Zum Beispiel: Grindelwald

Der Raum Grindelwald ist ein gutes Beispiel für die enge Verflechtung von Wasser und Energie, Tourismus und Landwirtschaft mit einer traditionellen Sozialstruktur. Klimatische Änderungen werden zum Prüfstein für Planung und Anpassungsfähigkeit seiner Bewohner.

5.36
Eiger, Mönch und Jungfrau: Dieses weltberühmte Panorama ist zum Markenzeichen für den Tourismus in der Schweiz schlechthin geworden.

5.37 und 5.38
Wasser und Energie: Durch den hochentwickelten Tourismus stösst man heute im Winter, wenn die Schüttung der Quellen auf ein Minimum sinkt, an die Grenze von Angebot und Nachfrage. Steigende Temperaturen könnten die Situation entschärfen. Die als Folge vielleicht kritischen Schneeverhältnisse

5.36

5.37

Wasserangebot und Verbrauch →
heutiges Angebot
Angebot bei Erwärmung
Verbrauch
Oktober April Oktober

5.38

5.39

erzwingen aber möglicherweise den Einsatz von Schneekanonen. Wasser und Energieverbrauch steigen.
5.39 und 5.40
Tourismus: Wenn die Winter der Zukunft unsicher werden, ist ohne technische Interventionen eine starke Senkung der Auslastung des Angebots zu erwarten. Ob dies durch eine Steigerung im Sommertourismus aufgefangen werden kann, scheint, zumindest nach dem jetzigen Trend, fraglich.
5.41 und 5.42
Landwirtschaft: Traditionelle Landwirtschaft, die diesem differenzierten Natur- und Kulturraum einen zusätzlichen touristischen Reiz verleiht, ist aber nur durch die wirtschaftliche Ergänzung aus dem Tourismus möglich. Sinkt dieser, ist ein Zusammenbruch ohne staatliche Förderung kaum aufzuhalten. Ist der subventionierte Landschaftsgärtner ein Ausweg?

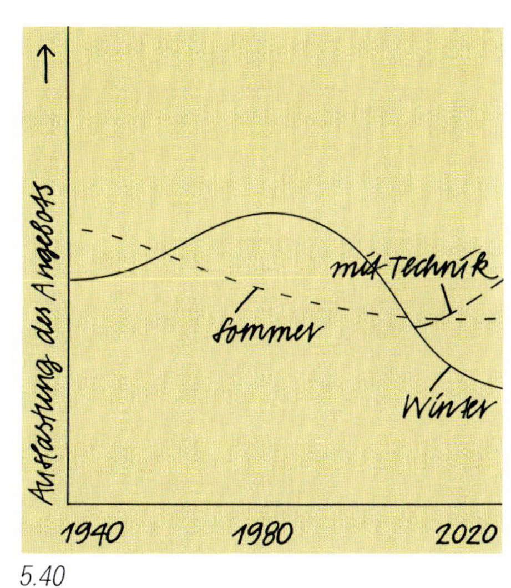

5.40

5.41

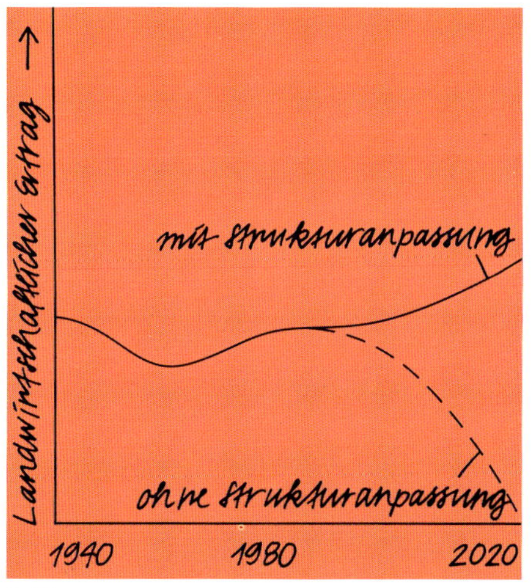

5.42

Klima – unsere Zukunft? Ausblicke

6

»Ungemütliche Überraschungen im Treibhaus?« Diese warnende Frage kommt von sehr berufener Seite aus Amerika, und sie wird hier zitiert, um Propheten im eigenen Land Gehör zu verschaffen. Für Wallace S. Broecker ist es klar, dass wir Russisches Roulette mit dem Klima spielen, wobei niemand weiss, was in der aktiven Kammer der Trommel geladen ist. Die Welt wird sehr sprunghaft wärmer werden. Dieser Rütteltest wird das soziale, wirtschaftliche und politische Gefüge der gesamten Menschheit auf eine ausserordentlich harte Probe stellen. Der frühe Mensch hat wegen seiner Anpassungsfähigkeit die Eiszeiten überlebt. Sollte ausgerechnet uns mit all den technischen Möglichkeiten die selbst provozierte Warmzeit zum Verhängnis werden? Der Glaube an die Zuversicht von J. F. Kennedy, einen Menschen sicher zum Mond zu bringen, machte wenig später Unmögliches möglich.
Wir sollten an unsere Zukunft auf der Erde glauben.

6 Die Welt wird wärmer

Die Welt wird wärmer. Darüber besteht kaum ernstzunehmender Zweifel mehr. Da wir für das erwartete Ausmass kein vergleichbares Beispiel in unserer jüngsten geologischen Vergangenheit besitzen, müssen wir uns auf Simulationen mit sehr komplexen Zirkulationsmodellen verlassen, die von den heutigen Zuständen ausgehen. Sie alle sagen für eine atmosphärische CO_2-Verdoppelung – oder eines ihr entsprechenden Anstiegs anderer, vom Menschen freigesetzter Treibhausgase – eine globale Erwärmung von 1,5 bis 4,5° C voraus. Wobei die obere Grenze immer wahrscheinlicher wird. Diese Modelle produzieren eine Unzahl regionaler Details, die aber für ernsthafte Prognosen noch zu ungenau und problematisch sind. Grund ist beispielsweise die Schwierigkeit, Entstehung und Verteilung von Wolken möglichst wirklichkeitsgetreu zu simulieren. Darüberhinaus sind die Wechselwirkungen Atmosphäre-Ozean sowie die Rolle des Ozeans selbst in solchen globalen Zirkulationsmodellen erst sehr ansatzweise erfasst.

Aufgrund neuester Forschung wird es immer mehr zur Gewissheit, dass der Ozean, vor allem der Nordatlantik, eine entscheidende Rolle im Klimasystem der Erde spielt. Gegenwärtig wird dadurch die Region von Mittel- und Nordeuropa bevorzugt, die vom Wärmefluss des nordatlantischen Oberflächenwassers profitiert. Soweit wir heute wissen, wird ein weltweites Zirkulationssystem durch den Unterschied im Salzgehalt angetrieben: Wegen der erhöhten Verdunstung im Nordatlantik reichert sich hier das Wasser gegenüber dem Pazifik an Salz an, kühlt sich ab, sinkt in die Tiefe und fliesst wie ein riesiger Strom um Afrika herum durch den Indischen Ozean und schliesslich im Pazifik wieder nordwärts. Der Salzfluss in der Tiefsee vom Atlantik zum Pazifik wird durch einen entgegengesetzten Fluss von salzarmem, leichtem Oberflächenwasser in der anderen Richtung kompensiert. Dieses Wasser transportiert Wärme Richtung Europa, und dort beginnt das Spiel wieder von neuem.

Die Schwierigkeit für Voraussagen, vor allem die potentielle Gefahr für unser gegenwärtiges Klima, liegt im Umstand, dass sich das System selbst stabilisiert und am Leben erhält. Die Schwankungen des Klimas während der letzten Eiszeit, die wir aus den Analysen von Eisbohrkernen ableiten, könnten einem Flip-Flop-Mechanismus dieses Kreislaufs zwischen zwei sich selbst stabilisierenden Zuständen entsprechen. Die letzten zehntausend Jahre waren bemerkenswert stabil. Aber wie werden der Kreislauf und das System Atmosphäre-Ozean überhaupt auf die beispiellose Erhöhung der Treibhausgase reagieren?

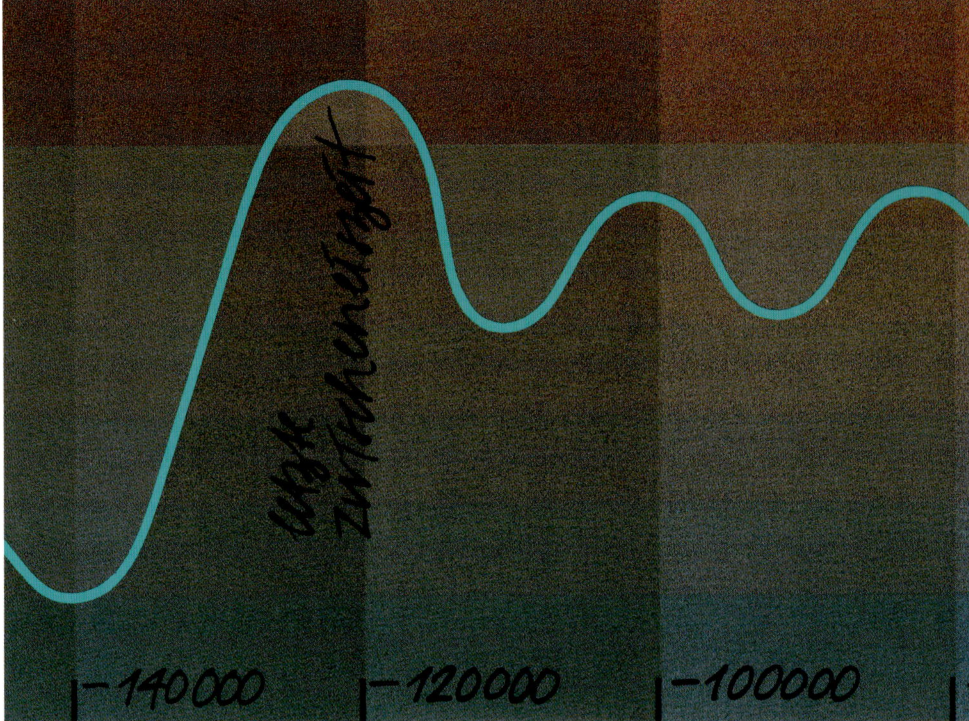

6.1

6.2

6.3

6.1
Geschätzter Temperaturverlauf in den letzten 140 000 Jahren und in der kommenden, von uns provozierten Warmzeit.

6.2
Temperaturprognosen für Mitteleuropa bei einer Verdoppelung des atmosphärischen CO_2 oder einer äquivalenten Erhöhung der

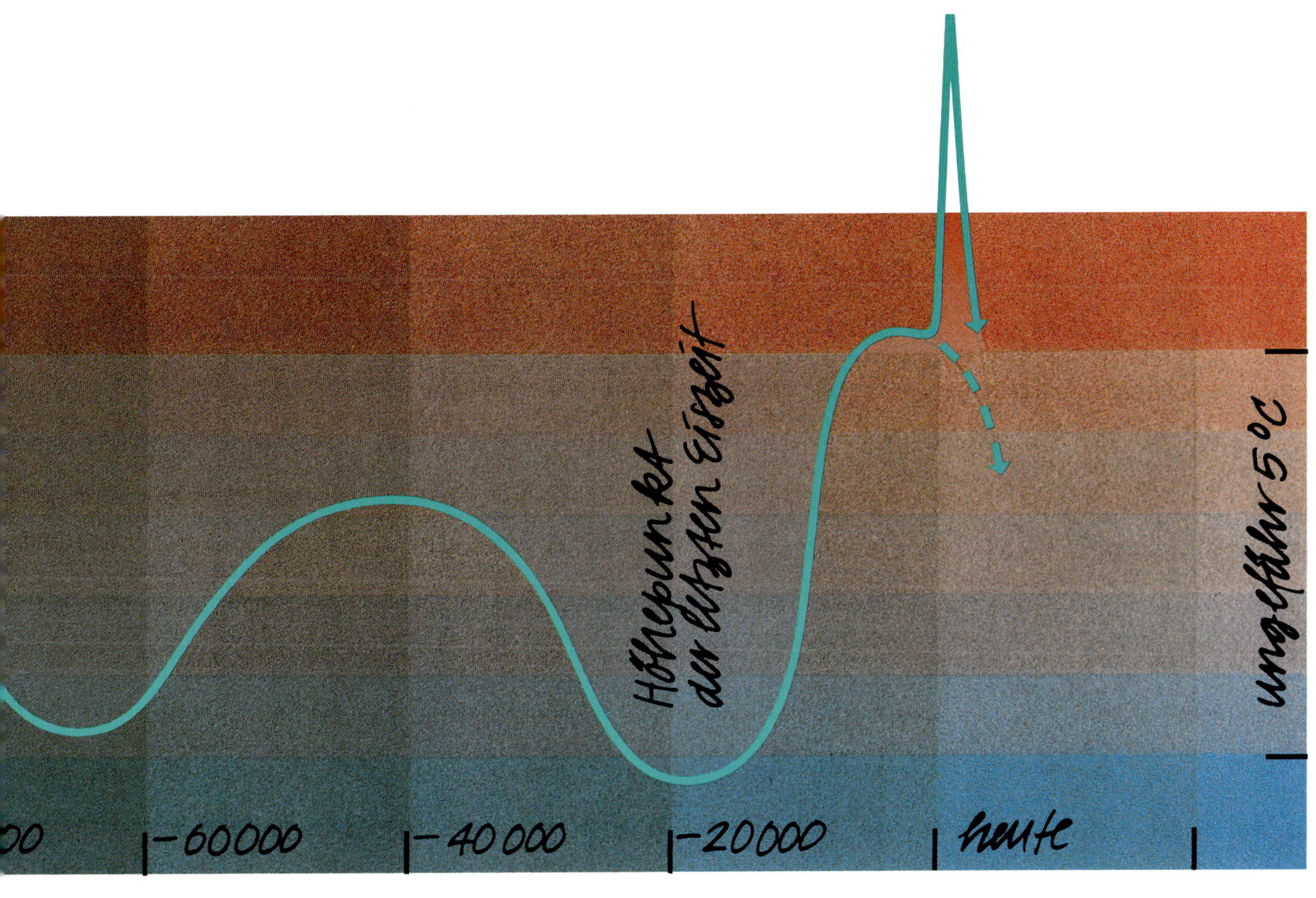

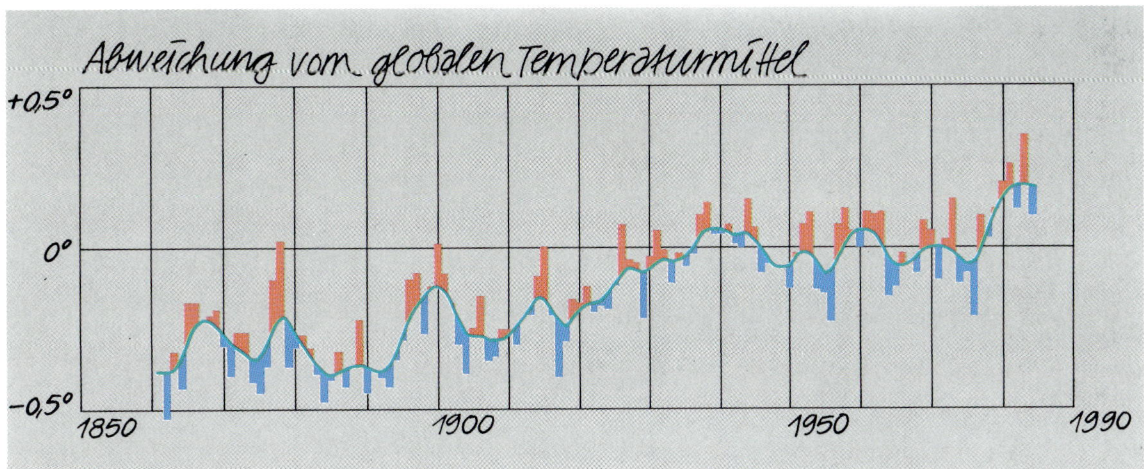

6.4

Konzentration der Treibhausgase allgemein. Grundlage dazu bilden die derzeit am weitesten entwickelten globalen Zirkulationsmodelle. Die Schwankungsbreite berechtigt kaum zu Zweckoptimismus, sondern deutet lediglich an, welche Lücken in der Klimaforschung heute noch bestehen. Und solche Lücken sollten wir möglichst rasch beseitigen!

6.3
Dasselbe für den Mittelwesten der USA. Heute eine der wichtigen Kornkammern der Welt …

6.4
Die Abweichungen vom globalen Temperaturmittel seit 1860, zusammengestellt aus weltweiten Instrumentenmessungen. Die geglättete Kurve entspricht einer zehnjährigen Mittelung der Daten.

6 Das Meer steigt

Eine Auswirkung der allgemeinen Erwärmung, die die Medien und damit auch die Öffentlichkeit sehr vordergründig beschäftigt. Weil im Hintergrund Assoziationen zur Sintflut hergestellt werden können. Messtechnisch ausserordentlich schwierig festzustellen, schätzt man die Erhöhung seit 1900 auf 12±5 cm. Für eine Temperaturerhöhung um 1,5 bis 4,5° C kann man einen Anstieg des Meeresspiegels um 20 bis 165 cm erwarten, wobei der grösste Beitrag der thermischen Ausdehnung des Ozeanwassers zugeschrieben wird. Ein Abschmelzen des Westantarktischen Eisschildes mit katastrophalen Folgen ist nach dem derzeitigen Wissensstand noch nicht zu befürchten. Wesentlich kritischer wäre eine Erhöhung der Zahl und Stärke von Sturmfluten.

6.5
Schätzung der globalen Erhöhung des Meeresspiegels. Die kürzere Messreihe von 1930 bis 1980 – offene Kreise – enthält mehr Stationen.

6.6 und 6.7
Der technische Kampf gegen das Meer, um Land zu schützen. Halligen an der deutschen Nordseeküste und riesige Deiche in den Niederlanden. Mit dem kürzlich fertiggestellten Deltaprojekt hofft man hier, den Kampf gegen die Sturmfluten gewonnen zu haben.

6.8
Was wir können, ist für viele küstennahe Entwicklungsländer unmöglich. Dort stehen die Uhren tatsächlich 5 Minuten vor 12.

6.6

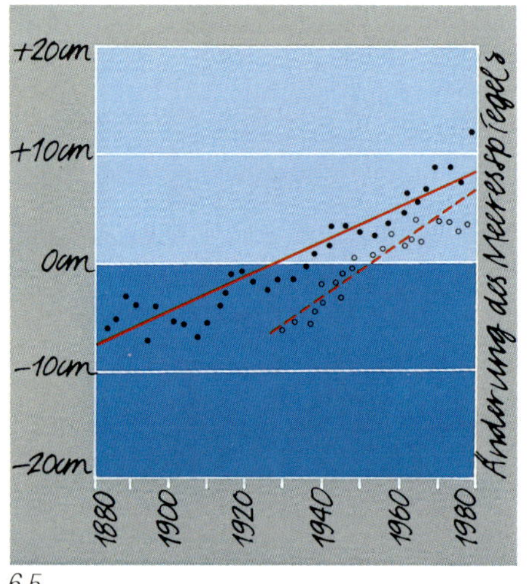

6.5

6.7

6.8

Die Wüste wächst?

Viel unberechenbarer als der Anstieg des Meeresspiegels sind Verschiebungen im globalen Wasserkreislauf, die eine Erwärmung mit sich bringen. Es wird Gewinner und Verlierer geben, wobei die Niederschlagsverteilung kaum auf die Verteilung der Weltbevölkerung und ihre jeweiligen technischen Möglichkeiten Rücksicht nehmen wird. Für die Tropen beispielsweise erwartet man eine Zunahme der konvektiven Niederschläge, was die Gefahr von Erosion sicherlich erhöht. Sollten die Klimagürtel polwärts wandern, würde das Sahelproblem zwar entschärft, aber woanders eines geschaffen werden. Die Gefahr der Wüstenbildung ist in vielen Gegenden der Erde sehr hoch. Regionale Prognosen sind noch viel zu unsicher, um heute schon Vorkehrungen zu treffen, die dringend notwendig wären. Dass uns hier die Zeit nicht davonläuft, kann nur durch entscheidend verstärkte Forschung verhindert werden.

6.9
Wird die Wüste weiter wachsen?

6.10 und 6.11
Ein Weizenfeld im nordamerikanischen Mittelwesten – und wie es dort vielleicht aussehen wird, wenn die eingangs zitierten Prognosen eintreffen.

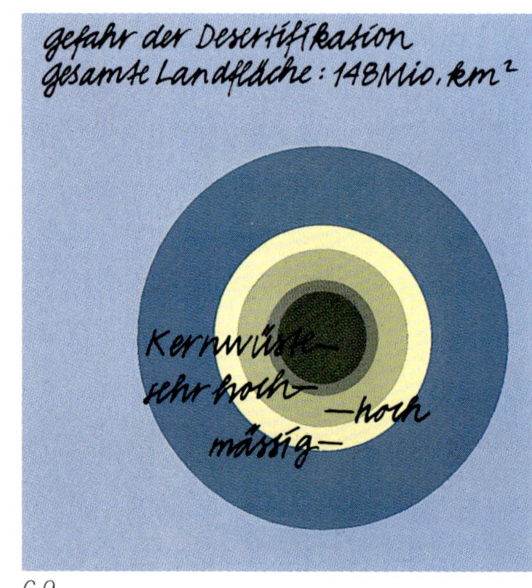

6.9

6.10

6.11

6 Der Flüchtlingsstrom wächst

Es gibt heute weltweit 10 bis 15 Millionen Flüchtlinge. Die Hälfte davon Kinder. Der Grossteil kommt aus Entwicklungsländern. Nach Definition des Genfer Abkommens von 1967 ist der Flüchtling ein Mensch, der nicht in sein eigenes Land zurückkehren kann, weil er die *begründete Furcht* hat, *aufgrund seiner Zugehörigkeit zu einer bestimmten Rasse, Religion, Nationalität, politischen Verbindung oder sozialen Gruppe verfolgt zu werden.*

Die Mehrzahl flieht vor politischen Unruhen. Noch.

Eine Verschiebung der Klimazonen wird vor allem die Länder treffen, die jetzt schon mit Existenzproblemen zu kämpfen haben. Und dort ist sehr oft auch der Bevölkerungsdruck am grössten. Es kann der Beste nicht in Frieden leben, wenn es dem hungrigen Nachbarn nicht gefällt zu hungern. Um zu vermeiden, dass diese Abwandlung eines klassischen Zitats nicht traurige Wirklichkeit wird, müssen die Gewinner den Verlierern helfen, ihre Strukturen von innen heraus zu verbessern und an die neuen Bedingungen anzupassen.

Sonst wird es nur noch Verlierer geben.

6.12

Ein Grossteil der Flüchtlinge flieht von armen Ländern in andere arme Länder...

6.13 und 6.14

Hier kann er nicht mehr sein – dort fühlt er sich fremd. Die Lösung der Zukunft?

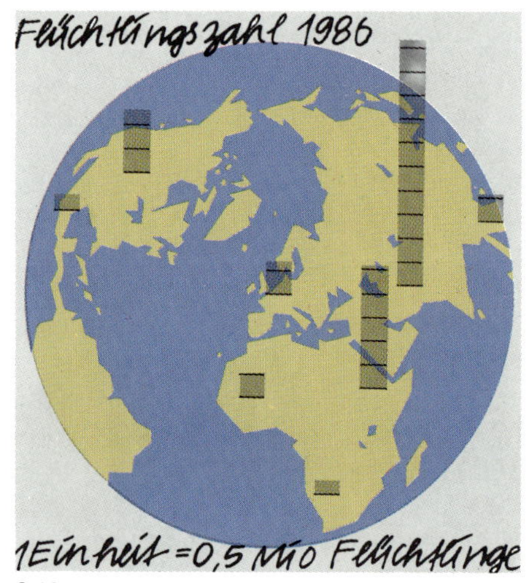

6.12

6.13

6.14

6

6.15

6.16

Alles fliesst …

Wir leben im Strom der Zeit und versuchen, den Augenblick festzuhalten. Die Tradition ist der ruhende Punkt, auf den wir die Veränderungen beziehen. Dabei ändert sie sich selbst, aber unmerklich langsam. Es geht uns mit ihr eben so wie es uns bis jetzt mit dem Klima ging: Wir empfinden die Tradition im Verlaufe unseres Lebens als etwas Konstantes.
Wird sich das auch ändern? Was wird uns Halt geben?
Sollte nur ein Teil der aufgestellten Prognosen innerhalb der nächsten ein, vielleicht zwei Generationen eintreten, wird sich unsere natürliche Umgebung grundlegend ändern. Sie wird sich nicht viel um Gewohntes und Vertrautes kümmern, sosehr wir auch versuchen, es künstlich aufrechtzuerhalten.

6.15
Gelebte Tradition in La Sage, Wallis. Wie lange noch?

6.16
Bauernhaus im Emmental. Gibt es bald Oleander und Zypressen im Vorgarten?

6.17
Chinesische Gärten als Naturlandschaft? Mit Technik sicherlich machbar.

6.18 bis 6.20
Selbst wenn in absehbarer Zeit kaum Kamele vor dem Bundeshaus vorbeiziehen werden und der Gurten erst in geologischen Zeiträumen als vertraute Kulisse abgetragen sein wird – die Natur wird uns ihren Stempel aufprägen.

6.18

6.17

6.19

6.20

6 Der Bauer als Landschaftsgärtner…

Wie werden sich die erwarteten Änderungen in der Schweiz auswirken? Bei den ausgeprägten Höhenunterschieden gibt es sicher eine breite Palette von Szenarien, aber auch hier steht die Forschung, die die Grundlage liefern und verarbeiten soll, praktisch am Anfang. In einer Zeit notorischer Budgetsanierungen ist für die Entwicklung von Langzeitstrategien, die noch dazu nach einer neuen Forschungsstruktur und neuen Mitteln verlangt, kaum Platz. Dabei werden Wirtschaftsstrukturen wie Landwirtschaft und Tourismus am stärksten betroffen sein. Das Land lebt nicht nur von, sondern auch durch die traditionelle Landwirtschaft, über die die Landschaft ihren Reiz und der Tourismus seine Impulse erhält. Erstarrt die Tradition zur nichtssagenden Folklore, und wird nicht Hand zu einer behutsamen Anpassung an eine sich rasch ändernde Umwelt geboten, kann es zu einem Traditionsstau kommen, der schliesslich alle überlieferten Formen zerbrechen lässt. In einer gesichtslosen Pseudomoderne beginnt dann die Suche nach neuem Selbstverständnis. In immer schnellerem Rhythmus?

6.21 bis 6.23
Heuernte im Berggebiet 1960 und 1980. Und im Jahr 2000?

6.21

6.22

6.23

6.24

... Palmen am Matterhorn?

Das vielleicht nicht gerade. Aber wenn die Prognosen von 4 bis 8° C wärmeren Wintern auch nur annähernd recht behalten, stehen dem Wintertourismus gewaltige Strukturänderungen bevor. Das Ferienland Schweiz wird auch mit rasch abschmelzenden Gletschern attraktiv bleiben, und vieles wird von der Voraussagbarkeit der Verhältnisse und Anpassungsfähigkeit an geänderte Umweltbedingungen abhängen. Immer nach dem Motto «Erstens kommt es anders, zweitens als man denkt».
Dass es aber so bleiben wird, wie es war, darauf sollten wir uns besser nicht verlassen.

6.24
Das Schreckhorn im Berner Oberland. In Zukunft mit geändertem Vordergrund.

6

Energieformen

6.25

Energie

Der Motor des Klimasystems ist die Sonne. Sie liefert Energie. Die Störung des Klimasystems ist der Mensch. Er verbraucht Energie. Eigentlich kaum der Rede wert, verglichen mit dem, was zum Antrieb der globalen Kreisläufe benötigt wird. Die gesamte Photosynthese zur Produktion von Biomasse, von der gerade nur ein winziger Bruchteil über Jahrmillionen auf das Sparkonto der fossilen Brennstoffe gelegt wurde, verbraucht etwa ein Tausendstel der Energie, die der Antrieb des Wasserkreislaufs verschlingt.

Seit der Erfindung des Feuers wurde Holz zur Energieerzeugung genutzt, Kohle ist seit etwa 300 Jahren im allgemeinen Gebrauch, Öl und Gas haben uns in den letzten hundert Jahren durch das Industriezeitalter geführt. Aber auch in die totale Abhängigkeit. Wir haben nicht vorgesorgt und jetzt, wo uns die bittere Rechnung für den schnellen Wohlstand präsentiert wird, wollen wir es nicht wahrhaben. Vor allem, weil ein ernstzunehmender Ersatz, der im Moment gar nicht vorhanden ist, sehr wahrscheinlich viel Geld und weltweit koordinierte Anstrengungen erfordert. Und niemand will den Anfang machen.

Werden wir wieder einmal erst durch Schaden klug, oder können wir die Entwicklung des Verbrauchs für das Jahr 2000 – danach bleibt im wesentlichen alles beim alten – widerlegen?

6.25 und 6.26

Unsere gebräuchlichsten Energieformen und ihr relativer Anteil am Gesamtverbrauch. 1980 und – als vorsichtige Schätzung – für das Jahr 2000. Die Farben entsprechen der jeweiligen Energieform.

Biomasse: Pflanzliche und tierische Materie, die als Brennstoff Verwendung findet. Fast die Hälfte der Weltbevölkerung, vor allem in der Dritten Welt, verwendet sie heute noch. Wenn man beispielsweise das verbrannte Holz durch Aufforstung wieder ersetzt, kann das CO_2 in einem natürlichen Kreislauf festgehalten werden.

Öl, Kohle und Gas: Unsere wichtigsten Energieträger, die zudem die gesamte Weltwirtschaft durch die fatale Abhängigkeit von Gläubigern und Schuldnern bestimmen. Werden die fossilen Brennstoffe unser Waterloo?

Energieverbrauch

2000

1980

6.26

Kernenergie: Sehr umweltfreundlich, stellt aber hohe technologische Anforderungen und leidet gleichzeitig unter einer Vertrauenskrise, die weitgehend emotionell gesteuert ist. In ihrer derzeitigen Form wohl nur eine Übergangslösung.
Wasserkraft: Produziert ein Viertel der Elektrizität. Sauber und erneuerbar, aber bei grossen Stauseen und Wasserumleitungen ökologisch nicht unbedenklich. Bei einer Klimaänderung und bei daraus folgenden Verschiebungen im Wasserhaushalt möglicherweise problematisch.
Geothermie: In geologisch aktiven Gegenden ein Geschenk, sonst höchstens eine dezentralisierte alternative Energieform.
Solarenergie: Es wäre blamabel für die menschliche Erfindungsgabe, wenn wir die Sonnenenergie nicht besser direkt nutzen könnten. Sehr viele Ansätze für dezentrale Energieformen, für Grosskraftwerke noch nicht ideal.
Meer: Über Strömungen, Gezeiten und Temperaturunterschiede ein riesiges Energiepotential, vor allem für Küstenländer. Steckt noch, bis auf wenige Versuchsanlagen, in der Spekulationsphase.
Wind: Als Kleinform dezentralisiert einsetzbar. Klimaabhängig.
6.27
Was können wir tun? Die Figur spricht für sich. Um die Erwärmung aufzuhalten, eigentlich nichts. Wir können nicht von heute auf morgen umstellen, weil wir nichts in der Hand haben. Verschiedene politische Massnahmen können den Zeitpunkt der erwarteten Erwärmung – beispielsweise um 2° C – verzögern oder beschleunigen. Auch bestehen noch Wissenslücken im Verhalten des Klimasystems und Unsicherheiten in den verschiedenen Energieszenarien. Hoffnung auf grosse Änderungen können wir uns im Moment keine machen.
6.28
Die einzige Antwort zum jetzigen Zeitpunkt heisst: *Sparen und Forschen und an unsere Zukunft glauben.*

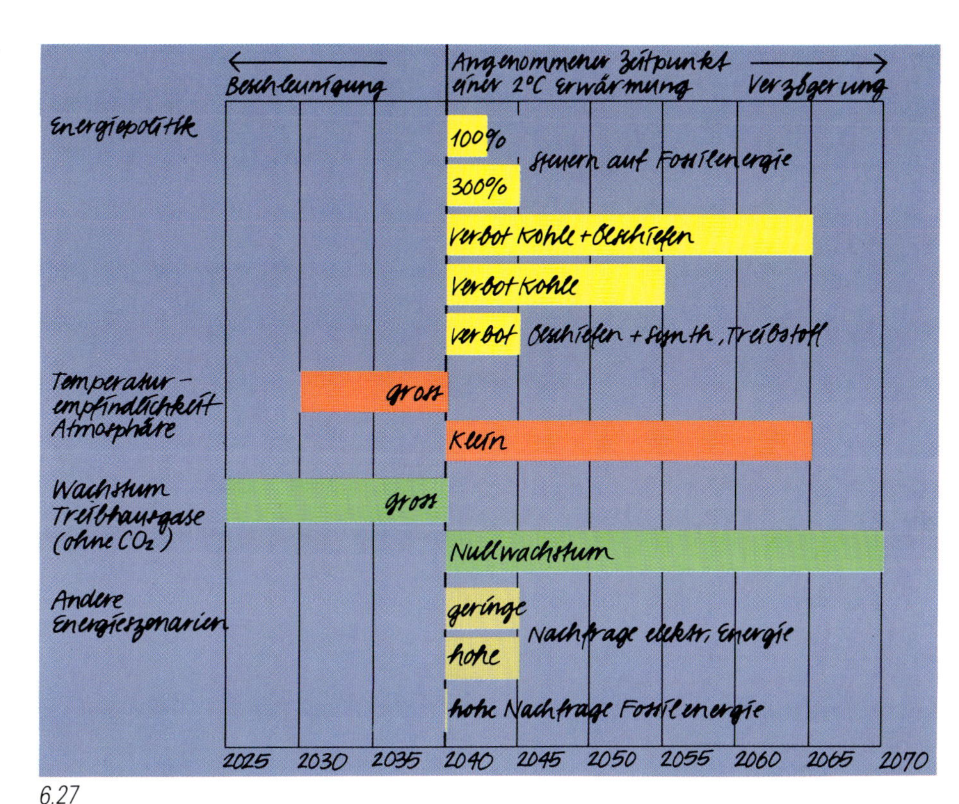

6.27

6.28

6 Kinder, eure Zukunft

Die Welt ändert sich immer schneller. Was gestern war, gilt heute nicht mehr, und was sich die Phantasie für morgen erträumt, ist sehr bald langweilige Zukunftsvision, die niemand mehr erleben will. Das war zwar schon immer so, aber die erwartete Klimaänderung bringt ein zusätzliches und neues Element ins Spiel: Sie wird unsere Umwelt in demselben Tempo verändern, wie wir sie bis jetzt nach eigenem Gutdünken geformt haben. Und wir sind noch weit entfernt davon, das Spiel wieder in den Griff zu bekommen. Das verlangt nicht nur nach einer neuen Generation von Wissenschaftern, sondern ganz allgemein nach neuem Denken und Handeln. Hier liegt denn auch die Hoffnung und die Verantwortung bei der Jugend. Veränderung und Anpassungsfähigkeit wird ihr Leben bestimmen. Die Öffnung nach aussen ist ihr Halt nach innen. Das Streben nach Sicherheit durch persönlichen Wohlstand erweist sich immer mehr als trügerische Maxime. Angst und Mutlosigkeit in einer Welt voll Gefahren werden zur Einbahnstrasse an den Abgrund.
Die Welt liegt in den Händen der heranwachsenden Jugend. Ihr Glaube an sie bestimmt den Schritt ins nächste Jahrtausend.

6.29 bis 6.31
Schüler der International School of Berne: Wie sie ihre Zukunft sehen.

6.29

6.30

6

CLIMATE OUR FUTURE
it's hot, hot! help! HELP!!
KLIMA UNSERE ZUKUNFT?
CLIMATE OUR FUTURE
HET KLIMAAT ONZE TOEKOMST
CAFE CENTRAL
If the future is cold we will have to store food in a big storage area.
If we have the food outside the carnevor animals will eat the vegetarien animals and the vegeterian animals eat the vegatables then finally there will be no food for us to last a lifetime
So if we kept food in a storage area to last 10-11 years we would live past the ice-age. And then it would get back to normal.
If it gets to cold we should live in a force sheild so ice doesn't damage are world, city, town or village ect
The force shield protects the city

6.31

मौसम हमारी जिन्दगी ।
طقس الأيام القادمة
未来の気候
It is really windy lately Oh dear!
TOO HOT!
TOO COLD

6

6.32

Wir sitzen alle im selben Boot. Und das Boot ist unsere Erde. Die nächsten Jahrzehnte werden zeigen, ob wir die globale Herausforderung einer Klimaänderung gemeinsam meistern können. Der Einfluss des Menschen auf das Klima ist eng mit dem Bevölkerungswachstum und unseren Energieproblemen verknüpft. Lösungsansätze zu finden, ist daher ausserordentlich schwierig. Ausserdem steckt die Wissenschaft im Erfassen der komplexen Zusammenhänge in natürlichen Systemen noch in den Anfängen. Aber wir dürfen nicht zuwarten, bis alle Fakten belegt sind. Das Umdenken zum Sparen und zu mehr Solidarität ist kein technisch-wissenschaftliches Problem. Es ist eine Frage der persönlichen Wertvorstellungen. Die Politik sollte nichts erzwingen müssen. Selbst wenn die Probleme im Moment unüberwindlich scheinen, dürfen wir nicht in Zukunftspessimismus flüchten. Wenn wir die Zukunft mit offenen Augen sehen, werden wir auch Lösungsmöglichkeiten finden, das Leben auf der Erde für alle menschenwürdig zu gestalten.

Bildernachweis

Kapitel 1

Titelblatt: Andreas Stettler
Bilder und Vorlagen:
Dipartimento dell'Ambiente, Bellinzona (1.29)
ESA, Darmstadt (1.3, 1.38)
Geographisches Institut, Universität Bern (1.34, 1.36, 1.39, 1.40)
Karl-Heinz Hack, SMA Zürich (1.22)
Anna Holström, ETH Zürich (1.52)
Alain Jeanneret, SMA Zürich (1.22)
Giovanni Kappenberger, SMA Locarno-Monti (1.19, 1.20, 1.27)
Beat Käslin, SMA Zürich (1.9, 1.12, 1.13, 1.16)
Heinrich Rufli, Universität Bern (1.41, 1.55)
Erich Schneiter, Bern (1.2, 1.7)
Ulrich Schotterer, Universität Bern (1.10, 1,42, 1.56, 1.57, 1.60, 1.63)
Max Schüepp, Wallisellen (1.6)
Klaus Wernicke, Dagebüll (1.33)
Matthias Winiger, Universität Bern (1.48, 1.49)
Anne Zwahlen, Peseux (1.51)
Grafik und Illustration:
Verena Baumann (1.26, 1.28, 1.50, 1.59)
Elsi Brönnimann (1.30, 1.31, 1.32, 1.46, 1.52)
Silvia Brühlhard (1.1, 1.4, 1.8, 1.11, 1.15, 1.18, 1.21, 1.24, 1.44, 1.45, 1.47, 1.61, 1.62)
Walter Burri (1.14, 1.17)
Luke Machata (1.43)
Roberto Renfer (1.25, 1.54)
Andreas Stettler (1.35, 1.37)
Agnes Weber (1.23, 1.58)
Literatur, persönliche Hinweise, Vorlagen:
Baer: Geographie Europas, Lehrmittelverlag Zürich 1977. *Hack:* Typische Wetterlagen im Alpenraum, Luftfahrtversicherungen Winterthur 1983. Das grosse Buch der Erde, Ex Libris Zürich 1974. Geo Spezial: Wetter, Hamburg 1982. The Global Climate System, WMO, Genf 1985 und 1987. *Max Schüepp*, Wallisellen. *Mathias Winiger*, Universität Bern.

Kapitel 2

Titelblatt: Silvia Brühlhardt
Bilder und Vorlagen:
Brigitta Ammann, Universität Bern (2.48)
Ueli Eicher, Universität Bern (2.58)
Niklaus Flüeler, Zürich (2.68)
Burkhard Frenzel, Universität Hohenheim (2.53)
Claus Fröhlich, PMOD Davos (2.9, 2.10)
Gerhard Furrer, Universität Zürich (2.34)
Oswald Heer, Urwelt der Schweiz Zürich, 1865 (2.54, 2.55)
Hanspeter Holzhauser, Universität Zürich (2.1, 2.43, 2.52)
Kerry Kelts, EAWAG Dübendorf (2.36)
Ernst Kopp, Universität Bern (2.18)
Viktor Maurin, Graz (2.21)
NASA, Washington (2.11, 2.31)
Physikalisches Institut, Universität Bern (2.8)
Fritz Röthlisberger, Aarau (2.41)
Heinrich Rufli, Universität Bern (2.3, 2.57)
Ulrich Schotterer, Universität Bern (2.2, 2.19, 2.38, 2.39, 2.42, 2.45, 2.71)
Emil Schulthess, Forch (2.16)
Jakob Schwander, Universität Bern (2.40)
Fritz Schweingruber, EAFV Birmensdorf (2.4, 2.5, 2.22, 2.34, 2.47, 2.49)
Carl Zeiss (Schweiz) AG (2.17)
Zentralbibliothek Zürich, (2.50)
Heinz Zumbühl, Universität Bern (2.62, 2.63, 2.64, 2.65, 2.66, 2.67)
Grafik und Illustration:
Verena Baumann (2.19, 2.32, 2.35)
Elsi Brönnimann (2.27, 2.28, 2.29, 2.30, 2.59, 2.60, 2.66, 2.68, 2.70)
Silvia Brühlhardt (2.51, 2.56)
Catherine Eigenmann (2.61)
Luke Machata (2.12, 2.13, 2.14, 2.15, 2.24, 2.37, 2.44, 2.46)
Roberto Renfer (2.6, 2.7, 2.9, 2.20, 2.23, 2.26)
Andreas Stettler (2.25, 2.69)
Literatur, persönliche Hinweise, Vorlagen:
Time-Life Serie Planet Erde: Die Atmosphäre, Eiszeiten. *Imbrie/Palmer:* Die Eiszeiten, Econ 1981. *Hansen/Takahashi:* Climate Processes and Climate Sensitivity, AGU 1984. Climate Dynamics, Springer 1987. *Schweingruber:* Der Jahrring, Haupt 1983. *Brosin:* Das Weltmeer, Deutsch 1985. *Barnola et al.* Nature 1987. Die Schweiz und ihre Gletscher, Kümmerly+Frey 1979. *Williams* in Scientific American, August 1986. *Ueli Eicher*, Universität Bern.

Kapitel 3

Titelblatt: Elsi Brönnimann
Bilder und Vorlagen:
Alpines Museum Bern (3.43, 3.45)
Bad Pfäfers, Privatbesitz (3.44)
Forstkarte Bern 1862, Landestopographie Bern 1980 (3.51)
Claus Fröhlich, PMOD Davos (3.49)
Barbara Gerber (3.50, 3.52)
Historisches Museum, Bern (3.34)
Hanspeter Holzhauser, Universität Zürich (3.31)
Kunstmuseum Basel (3.41)
Landesdenkmalamt Baden-Württemberg, Karlsruhe (3.42)
Bruno Messerli, Universität Bern (3.10, 3.11, 3.25)
Nationalmuseum Kopenhagen (3.29)
Nebelspalter, Rorschach 1889 (3.46)
Martin Obrist, DEH Bern (3.24)
Ulrich Schotterer, Universität Bern (3.1, 3.2, 3.8, 3.13, 3.14, 3.16, 3.37)
Schuler Verlag, Stuttgart (3.39)
Sulzer, Winterthur (3.48)
United Nations 164645, John Isaac (3.23)
Völkerkundemuseum Basel (3.30)
Walservereinigung, Chur (3.35)
Heinz Zumbühl, Universität Bern (3.18, 3.19, 3.36, 3.38)
Grafik und Illustration:
Verena Baumann (3.7, 3.9, 3.12, 3.15, 3.17, 3.20, 3.49)
Elsi Brönnimann (3.28)
Silvia Brühlhardt (3.26, 3.32, 3.46, 3.47)
Walter Burri (3.22)
Edith Helfer (3.25)
Luke Machata (3.27, 3.33)
Literatur, persönliche Hinweise, Vorlagen:
Grosser Atlas zur Weltgeschichte, Lingen 1986. Umweltprobleme und Entwicklungszusammenarbeit, Geographisches Institut der Universität Bern 1986. Sahara, Ausstellungskatalog Köln 1978. Gaia, der Ökoatlas unserer Erde, Fischer 1985. Malerische Reisen durch die schöne alte Schweiz, Ex Libris Zürich 1982. *Hans-Georg Bandi*, Bern. *Christian Pfister*, Universität Bern.

Kapitel 4

Titelblatt: Luke Machata
Bilder und Vorlagen:
Werner Berner (4.24)
CIRIC, Lausanne (4.2)
Jacques E. Cuche, St-Blaise (4.7)
Catherine Graf, DEH Bern (4.2)
Toni Linder, DEH Bern (4.26)
Luc Meylan, St-Blaise (4.6)
Heinrich Rufli Universität Bern (4.22)
Ulrich Schotterer Universität Bern (4.8, 4.18)
Fritz Schweingruber, EAFV Birmensdorf (4.16)
Hans Turner, EAFV Birmensdorf (4.16)
Matthias Winiger (4.3, 4.4., 4.5, 4.10)
Grafik und Illustration:
Eva Baumann (4.27)
Verena Baumann (4.9, 4.11, 4.25)
Elsi Brönnimann (4.1, 4.13, 4.20, 4.21)
Walter Burri (4.28, 4.29, 4.30)
Catherine Eigenmann (4.14)
Luke Machata (4.15, 4.17, 4.19)
Literatur, persönliche Hinweise, Vorlagen:
National Geographic Februar 1984, April 1987. US Department of Energy-No 0235–0239, 1985. WMONo 661; United Nations Environment Programme 1986. *Stauffer* et al. in Science 229, 1985. *Neftel* et al. in Nature 315, 1985. *Dietmar Wagenbach,* Universität Heidelberg. *Hans-Ulrich Dütsch,* Zurich.

Kapitel 5

Titelblatt: Walter Burri
Bilder und Vorlagen:
Alpines Museum, Bern (5.5)
Dee Breger, Lamont-Palisades, USA (5.10)
Geographisches Institut, Universität Bern (5.7, 5.14, 5.32)
Institut für Mittelenergiephysik, ETH Zürich (5.9)
Beat Käslin, SMA Zürich (5.34)
Toni Linder, DEH Bern (5.22)
Philippe Plailly, Paris (5.35)
Ulrich Schotterer, Universität Bern (5.18, 5.19, 5.20, 5.25, 5.29, 5.30)
Klaus Seidel, ETH Zürich (5.31)
SMA Zürich (5.3, 5.4, 5.16)
Universitätsbibliothek Neuchâtel (5.1)
Urs Wiesmann, Universität Bern (5.37, 5.39, 5.41)
Grafik und Illustration:
Eva Baumann (5.38, 5.40, 5.42)
Verena Baumann (5.21, 5.24, 5.27)
Silvia Brühlhardt (5.33)
Walter Burri (5.28, 5.36)
Catherine Eigenmann (5.2, 5.26)
Katja Leudolph (5.15, 5.17)
Luke Machata (5.23)
Roberto Renfer (5.8, 5.12, 5.13)
Karin Widmer (5.6)
Literatur, persönliche Hinweise, Vorlagen:
100 Jahre Schweizerische Meteorologische Anstalt SMA 1981. Projekt Climod, EDMZ, Bern 1981, World Climate Research Programme, WMO/TD No 80, 1985. CCA: Die Gründe für ein Schweizerisches Klimaprogramm, SNG 1986. *Mooley et al.* in Arch. Met. Geoph. Biokl. 1982. *Walter Good,* EISLF Davos. *Urs Wiesmann,* Universität Bern.

Kapitel 6

Titelblatt: Roberto Renfer
Bilder und Vorlagen:
Georg Budmiger, Alpines Museum Bern (6.21, 6.22)
Niederländische Botschaft, Bern (6.7)
Ulrich Schotterer, Universität Bern (6.15, 6.16)
Emil Schulthess, Forch (6.17)
United Nations, 129998, Jerry Frank (6.13)
Klaus Wernicke, Dagebüll (6.6)
Grafik und Illustration:
Verena Baumann (6.11)
Elsi Brönnimann (6.29, 6.32)
Silvia Brühlhardt (6.18, 6.19, 6.20, 6.28)
Walter Burri (6.25, 6.26, 6.27)
Catherine Eigenmann (6.2, 6.3)
International School of Berne (6.28, 6.30, 6.31)
Luke Machata (6.12, 6.14)
Sibylle von May (6.5, 6.9)
Roberto Renfer (6.1, 6.24)
Andreas Stettler (6.8)
Agnes Weber (6.4)
Literatur, persönliche Hinweise, Vorlagen:
Can We Delay A Greenhouse Warming?, US Environmental Protection Agency. 1984 *Broekker:* How To Build A Habitable Planet, Lamont 1985. *Broecker* in Nature 328, 1987. *Jones et al.* in Nature 322, 1986. *Koomanoff,* US Departement of Energy 1986.

Einband: Verena Baumann
Handschrift: Andreas Stettler
Satzspiegel: Silvia Brühlhardt

Drei Dinge
beeinflussen das Denken
des Menschen:
Das Klima
Die Politik und
Die Religion

Voltaire 1756